Sebastian Wolf

Eine kurze Geschichte der Welt

Vom Urknall bis zu deiner Geburt

Anaconda

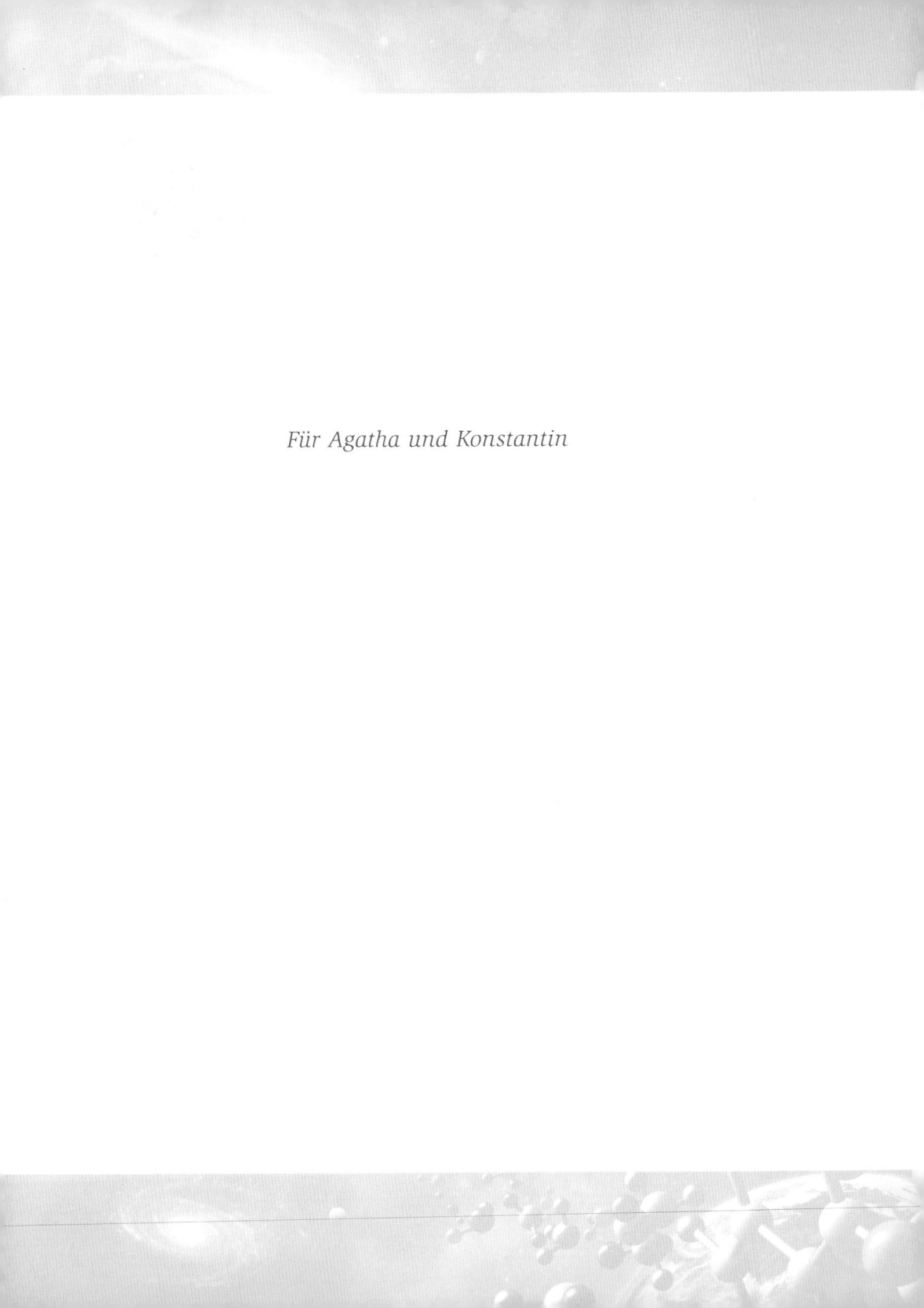

Für Agatha und Konstantin

Inhaltsverzeichnis

»Da wurden ihrer beiden Augen aufgetan,
und sie wurden gewahr,
dass sie nackt waren.«

Genesis 3, 7

Wenn du ein Geschichtsbuch mit Fakten zu
Schlachten oder der Kunst vergangener Kulturen
suchst, bist du hier falsch.

Es mag zwar spannend sein, in die Geschichte
alter Königreiche einzutauchen – wir haben hier aber
keine Zeit für diese Umwege.

Hier geht es um das große Ganze.

Es geht um dich.

Warnung 1:

Was du lesen wirst, basiert auf wissenschaftlichen Fakten.
Könnte also megalangweilig sein.

Warnung 2:

Sollte es dir nicht langweilig werden,
könnte es deinen Blick auf dich und die Welt verändern.

Warnung 3:

Antworten können unbehaglich sein.
Manchmal ist es angenehmer, nichts zu wissen.

Warnung 4:

Warnung vor den Warnungen:
Trau dich, die Augen aufzumachen und zu denken.

Wer bist du? –
Woher kommst du?

Banale Fragen, oder? Du bist das Kind deiner Eltern. Diese sind die Kinder ihrer Eltern – und so weiter. Irgendwann ist man dann bei den Urmenschen, den Affen, den Dinos. Und vor unglaublich langer Zeit ist der ganze Weltzirkus in einem Urknall entstanden. Oder wurde von Gott geschaffen. Nun muss man sich nur noch zwischen beiden Möglichkeiten entscheiden. Und damit ist das Thema abgehakt. Man kann sich wieder den praktischen Dingen zuwenden: arbeiten, einkaufen, Urlaub machen. Und allem anderen, was uns einen Tag unseres Lebens nach dem anderen raubt. Ist doch eh völlig egal, woher man kommt.

Oder?

Stell dir vor, du wachst eines Morgens in irgendeinem No-Name-Hotel in einer x-beliebigen Stadt auf. Und du hast keine Ahnung, wieso du hier bist. Und – du kannst dich nicht daran erinnern, *wer* du bist. Abgesehen von ein paar Klamotten findest du nichts, was dir gehört. Kein Portemonnaie, keine Dokumente. Deinen Namen, den man dir an der Rezeption nennt, sagt dir gar nichts. Zum Glück ist das Zimmer schon im Voraus bezahlt worden.

Sicherlich wird sich alles innerhalb von Stunden, Tagen oder Wochen klären. Aber – wie verhältst du dich, bis es soweit ist?

Wenn du wüsstest, dass du eine Familie hast, würdest du sicherlich versuchen, ihr Bescheid zu geben. Wärst du Banker, würdest du dich wahrscheinlich um die aktuellen Aktienkurse sorgen. Je nachdem aus welchem Umfeld du kommst, wären dir andere Dinge wichtig. Auch würdest du den Menschen auf unterschiedliche Weise begegnen. Nehmen wir eine Gruppe von abgerissenen Typen vor dem Bahnhof. Wärst du in deinem Leben schon einmal obdachlos gewesen, würdest du diese mit anderen Augen sehen als deine Mitmenschen. Oder?

Deine Herkunft formt deine Persönlichkeit – formt dein »Ich«.

Sicher, du magst jetzt von freiem Willen sprechen. Du hast dein Leben selbst in der Hand. Und natürlich ist jeder seines Glückes Schmied. Aber eben nur in einem gewissen Rahmen. Wer viel »aus sich gemacht hat« sollte sich neben all seinem Schweiß an die vielen glücklichen Umstände und helfenden Hände erinnern, die ihn so weit gebracht haben. Und um es auf die Spitze zu treiben, werden ausgewählte Ergebnisse neurophysiologischer Experimente zur Willensfreiheit derart interpretiert, dass unser Hirn seine Entscheidungen offenbar bereits gefällt hat, bevor unser »Ich« – unser Bewusstsein – sich damit rühmt, zu einem Entschluss gekommen zu sein. Und sei es, jemanden per Handschlag zu begrüßen.

Sind wir also nur hochkomplexe biologische Automaten mit einer Halbwertszeit von einigen Jahrzehnten? Kurzgefasst – bist du tatsächlich nur ein Haufen Atome, die noch ein paar Jahre in Form deines Körpers mit Namen und Vornamen durch die Welt ziehen, bevor sie sich danach wieder über unseren Planeten verteilen?

Wer oder was bist du?

Jetzt keine Ausreden mit Oberflächlichkeiten wie Name, Adresse, Hobbies, Beruf …

Was bist du?

Man kann weiteres Nachfragen natürlich sein lassen, diese Frage verdrängen und sich von den Alltäglichkeiten ablenken lassen. Das ist meistens sogar angenehmer. Einfacher. Was ich nicht weiß, macht mich nicht heiß. Ist also für besonders selbstsichere Zeitgenossen zu empfehlen, die es sich in ihrer Welt gemütlich eingerichtet haben. Und für die eher Unsicheren, die sich lieber einem Mainstream-Dogma anschließen, um bloß nicht aufzufallen und um ihre Ruhe haben zu können.

Die Suche nach Antworten kann deinen Blick auf die Welt und damit auf dein Leben aber radikal verändern. Und soweit es sich abschätzen lässt – nur zum Guten. Würden Masttiere sich gefügig mästen und schlachten lassen, wenn sie sich fragen und verstehen würden, wieso es so reichlich Futter für sie gibt?

Also – wie beginnen wir?

Vor allen Dingen: Vorurteilsfrei. Ob du Atheist bist oder dich in einer Religion zuhause fühlst – streiche deine vorgefertigten Antworten. Diese darfst du später gerne wieder herausholen und schauen, ob sich etwas für dich verändert hat. Aber eben nicht vorher. Sonst ist es wie Autofahren mit angezogener Handbremse.

Und jetzt schauen wir mal, was wir über unsere Ursprünge herausfinden können. Und was uns dies über uns verrät …

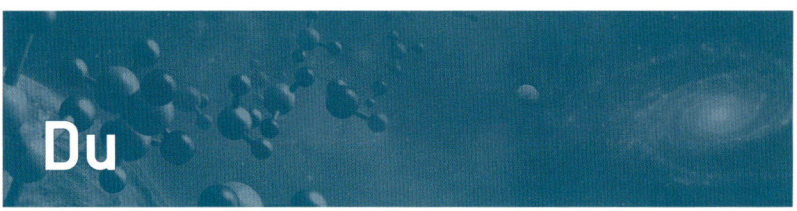

Du

Fangen wir am besten in deiner Familie an. Wenn du das Glück hast, deine Großeltern befragen zu können, erhältst du Augenzeugenberichte, die gut und gerne 50 bis 80 Jahre vor den Zeitpunkt deiner Geburt zurückreichen. Und sie können dir vielleicht sogar Lebensgeschichten *ihrer* Großeltern weitergeben – so kannst du wie durch ein Schlüsselloch auf das Leben vor 100 bis 150 Jahren schauen!

Alte Bauwerke, Bücher, Bilder und vieles mehr haben uns die Menschen über einige tausend Jahre hinweg hinterlassen. Höhlenmalereien unserer Vorfahren reichen gar 30 000 bis 40 000 Jahre zurück. Das Leben dieser Männer, Frauen und Kinder glich auf den ersten Blick sicherlich kaum dem heutigen. Aber trotzdem waren es Menschen wie wir, mit Bedürfnissen und Gefühlen wie Freude und Trauer. Sie waren so intelligent wie wir und sicherlich oft genug genauso dusselig. Wir sind ihre Nachfahren. Die Namen und Gesichter der Höhlenmaler sind uns nicht bekannt. Und nur sehr wenige Namen von Menschen, die vor einigen Tausend Jahren lebten, sind überliefert worden. Aber unser Leben, unsere Art miteinander umzugehen und unser Blick auf die Welt wurden durch jeden einzelnen dieser Menschen Stück für Stück geprägt.

Zeugnisse unserer Ahnen
Die bisher ältesten bekannten Höhlenmalereien zeigen uns ca. 40 000 Jahre alte Umrisse von Händen, welche in der Höhle *Cueva del Castillo* bei Puente Viesgo (Spanien) gefunden wurden. Ob diese jedoch tatsächlich von modernen Menschen oder von Neandertalern stammen, ist noch nicht abschließend geklärt.

Wir sind nur eine Momentaufnahme im Strom der Generationen. Und du – ein winziger Teil davon. Mag man sich in 100 Jahren noch an so manchen von uns erinnern, werden selbst unsere Kinder in Tausenden Jahren vergessen sein. Es wird nichts geben, was Menschen dann an dich erinnert. Man wird nichts mehr von deinen Träumen, Ängsten und Erfolgen wissen. Und in Zehntausend oder gar Hunderttausend Jahren werden wir – die heute lebenden, gut 7 Milliarden Menschen – nur ein winziges Puzzleteil in der Prägung der Menschheit ausmachen.

Zurück in die Urzeit

Um weiter in unsere Vergangenheit einzutauchen, müssen wir nach anderen Spuren suchen. Diese finden wir zunächst auch beim Menschen, allerdings nicht in dessen Geschichte, sondern in seinem Erbgut – den Genen. Zwar unterscheiden sich diese zwischen einzelnen Menschen nur minimal, wenn aber das Erbgut eines Mannes und einer Frau bei Zeugung eines Kindes gemischt wird, gibt jeder der beiden etwas Individuelles an dieses weiter. Auf den ersten Blick zeigt sich dies in der Ähnlichkeit mit seinen Eltern, Veranlagungen wie Langlebigkeit und Anfälligkeiten für bestimmte Krankheiten.

Wir können uns das Erbgut der Eltern als Bibliotheken vorstellen, in denen alle Rezepte für die Entwicklung ihrer Körper niedergeschrieben sind. Für das Kind wird jetzt hieraus eine neue Bibliothek erstellt. Neben der Vielzahl gleicher »Bücher« beider Elternteile, werden sowohl einige charakteristische Rezepte der Mutter als auch des Vaters übernommen. Beim Vaterschaftstest muss man sich ja auch nicht auf Ähnlichkeiten der Augenfarbe und der Form der Nase verlassen. Man kann die wirkliche Verwandtschaft direkt an den Genen ablesen. Genauso lässt sich aber auch das Erbgut von Menschen aus verschiedenen Regionen unseres Planeten vergleichen. Darin sieht man, welche Völker gemeinsame Vorfahren haben und wann sich ihre Wege getrennt haben. Man kann beispielsweise Völkerwanderungen bis hin zu unseren frühesten Vorfahren vor zehntausenden von Jahren rekonstruieren. Auch unsere Verwandtschaft zu bestimmten Affenarten lässt sich aufzeigen wie auch der Zeitraum, in welchem sich der biologische Entwicklungsweg des Menschen von dem der anderen Menschenaffen trennte.

Nicht nur das menschliche Erbgut verrät, wie es zur Menschwerdung kam. Jedes Lebewesen auf unserem Planeten – auch du – trägt in jeder Zelle seine ganz eigene »Gen-Bibliothek«. Und alle »Bücher« in dieser Bibliothek sind mit den gleichen »Buchstaben« geschrieben. Wir können damit aus dem Vergleich des Erbgutes verschiedener Menschen nicht nur auf deren Verwandtschaft schließen. Dies ist genauso zwischen allen anderen Lebewesen unseres Planeten möglich.

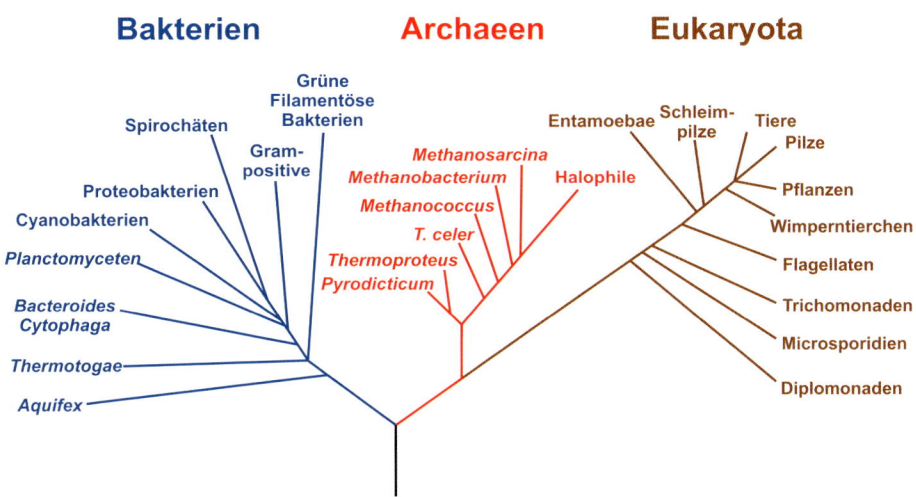

Baum des Lebens

Anhand eines phylogenetischen Baumes lässt sich die Entwicklung des Lebens und die Verwandtschaft zwischen verschiedenen Arten oder anderen Gruppen von Lebewesen darstellen. Hierzu wird ihr Erbgut miteinander verglichen. Man erkennt eine Trennung in drei große Domänen – Bakterien, Archaeen und Eukaryota. Inwiefern es darüber hinaus noch Querverbindungen zwischen diesen Domänen gibt, ist noch nicht abschließend geklärt.

So unterschiedlich alle uns bekannten Lebewesen auch sein mögen, sie alle haben sich im Laufe der Zeit aus einfacheren Lebensformen, unseren gemeinsamen Vorfahren, entwickelt. Sie haben sich ihrer Umgebung angepasst und weiterentwickelt. Wir Menschen sind nur ein momentanes Ergebnis dieses Prozesses. Genauso wie Vögel, Gräser, Schnecken, Bakterien und all unsere anderen »etwas entfernteren Verwandten«.

Das Entwicklungsergebnis »Mensch« gibt es seit etwa 200 000 Jahren. Dies weiß man, weil die ältesten Knochenfunde von Menschen aus dieser Zeit stammen. Die ältesten bekannten Spuren von Leben auf unserem Planeten sind aber ungefähr 20 000 Mal älter – 3,7 Milliarden Jahre alt.

Stellen wir uns die Geschichte des Lebens auf der Erde als 100-m-Lauf vor. Es gäbe ein ziemliches Gerangel – Lebensformen würden sich entwickeln, manche neue Art würde sich zeigen und nach wenigen Metern auch wieder verschwinden. Und 15 Meter vor dem Ziel passiert etwas Erstaunliches: Die Vielzahl von Arten würde fast schlagartig zunehmen (die sogenannte kambrische Explosion vor etwa 543 Millionen Jahren). Wieso dies geschah, ist immer noch ein großes Rätsel. Wirklich spannend wird es aber erst 5 Millimeter vor der Ziellinie: Dort würde endlich der Mensch im Gewusel der vielen unterschiedlichen Lebewesen auftauchen!

Perspektivenwechsel

Lass uns in ein Raumschiff steigen und unseren Planeten aus dem Weltall betrachten. Und jetzt springen wir 3,7 Milliarden

Jahre in der Zeit zurück. Keiner der bekannten Kontinente wäre zu sehen. Aber einfachste Lebewesen gibt es bereits. Wie sie entstanden sind? – Bisher weiß es niemand. Aber die ersten Baupläne des Lebens, geschrieben mit den gleichen »Buchstaben« wie heute, hat die Natur schon hervorgebracht.

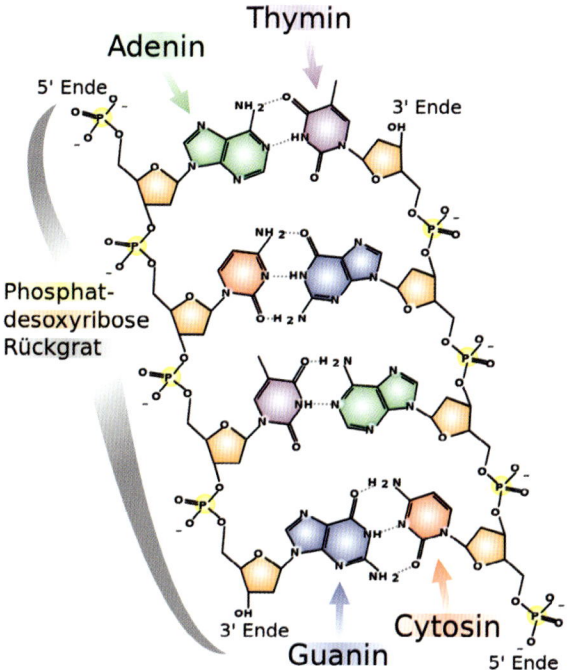

Buchstaben des Lebens

Die materielle Basis unseres Erbgutes: Die DNS (Desoxyribonukleinsäure; engl. DNA für deoxyribonucleic acid) ist ein Biomolekül, welches bei allen Lebewesen und einer Vielzahl von Viren den Träger der Erbinformation darstellt. In der farbigen Darstellung der chemischen Struktur eines Ausschnittes der DNS sind die 4 »Buchstaben des Lebens« in Grün (Adenin), Lila (Thymin), Blau (Guanin) und Rot (Cytosin) dargestellt. Über ihre Abfolge ist die genetische Information verschlüsselt. →

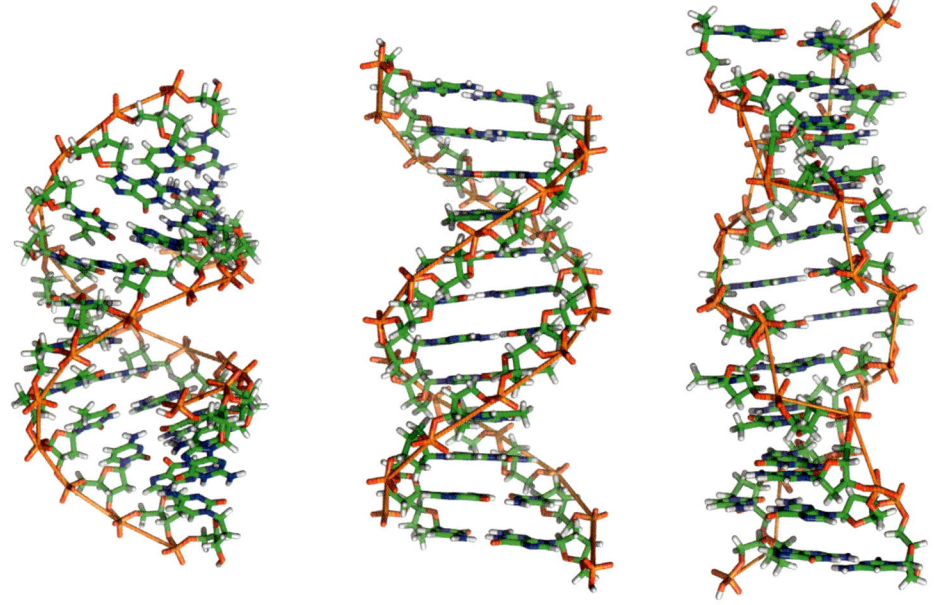

→ Am häufigsten tritt die DNS in Form der bekannten schraubenförmigen Doppelhelix auf (mittlere Darstellung, B-DNS). Daneben gibt es aber auch noch die A- und Z-DNS (linke und rechte Darstellung).

Übrigens – es sind nur 4 Buchstaben. Hört sich wenig an. Scheint nicht einmal für einen Kinderreim zu reichen. Und hiermit soll der Bauplan eines Menschen geschrieben werden können? Ja. Denn es ist nur der Code. Mit den Morsezeichen »lang« und »kurz« kann man immerhin auch jeden Buchstaben des Alphabets codieren. Und Computer arbeiten ausschließlich mit »0« und »1« – und in absehbarer Zeit wird dies voraussichtlich für künstliche Intelligenz ausreichen.

Wir blicken aus unserem Raumschiff auf die Erde und rasen jetzt im Schnelldurchlauf bis heute durch die Zeit. Landmassen verschieben sich, Gebirge werden aufgefaltet und verschwinden wieder. Das Klima schaltet zwischen Kalt- und Warmzeiten hin und her. Wie in einem riesigen Versuchslabor passt sich das Leben all diesen Veränderungen an. Die Baupläne der Organismen ändern sich, werden komplexer, das Leben immer vielfältiger. Kurz bevor wir wieder im Jetzt angekommen sind, erscheint die Entwicklungslinie des Menschen.

Die Lebewesen auf der Erde, die sich im Wechselspiel mit den immer neuen Herausforderungen ihrer Umwelt entwickelt haben, sind die komplexesten Strukturen, die wir bisher im Universum gefunden haben. Der Mensch, und insbesondere sein Gehirn, stehen hierbei an der Spitze der Komplexität. Jedes einzelne Lebewesen, jeder einzelne Mensch trägt in sich seinen Bauplan. In jeder Zelle. Aber kein Lebewesen kann allein (über)leben. Natürlich können zwei Menschen Nachkommen zeugen. Aber nur, wenn ihnen andere Lebewesen – Pflanzen und Tieren – als Nahrung zur Verfügung stehen. Nicht zu vergessen die 100 Billionen Bakterien in jedem menschlichen Körper. Allein im Darm sind wir auf über 1400 Arten von Bakterien angewiesen.

Das »Experiment Leben«, welches die Natur seit Milliarden Jahren auf unserem Planeten durchläuft, und dabei immer neue Spielarten hervorbringt, ist ein Zusammenspiel aller Lebewesen. Darin liegt die wahre Komplexität dieses Phänomens. Die Menschheit ist nur ein Baustein im Gesamtbild. Du gehörst dazu.

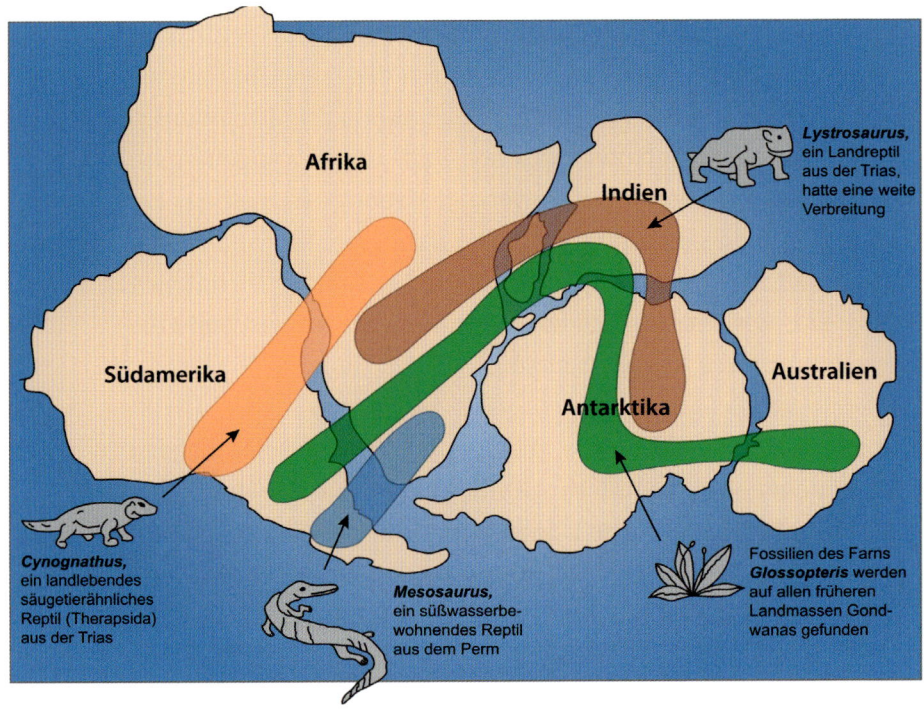

Lystrosaurus, ein Landreptil aus der Trias, hatte eine weite Verbreitung

Afrika

Indien

Australien

Südamerika

Antarktika

Cynognathus, ein landlebendes säugetierähnliches Reptil (Therapsida) aus der Trias

Mesosaurus, ein süßwasserbewohnendes Reptil aus dem Perm

Fossilien des Farns Glossopteris werden auf allen früheren Landmassen Gondwanas gefunden

Das Antlitz der Erde verändert sich

Die Kontinente driften mit einer Geschwindigkeit von einigen Zentimetern pro Jahr. Auf Zeitskalen von einigen hundert Millionen Jahren vereinigen sie sich zu einem Superkontinent, welcher aber daraufhin wieder auseinanderbricht. Es wird angenommen, dass es 5 bis 6 solcher Superkontinente im Laufe der Erdgeschichte gab, wobei der jüngste – die Pangäa – vor ca. 335 bis 175 Millionen Jahren bestand*. Hiervon zeugen nicht nur zueinanderpassende geologische Schichten verschiedener Kontinente, sondern auch die Fundorte von Fossilien von Lebewesen aus dieser Zeit. In der Abbildung ist der Großkontinent Gondwana dargestellt, der bereits vor 600 Millionen Jahren entstand und später ein Teil des Superkontinents Pangäa wurde. Die fortlaufende Bewegung der Kontinente lässt sich heutzutage unter anderem mit Satellitenmessungen verfolgen. Sollte die aktuelle Drift der Kontinente anhalten, wird sich in etwa 300 Millionen Jahren der nächste Superkontinent bilden.

* Rogers, J.J.W.; Santosh, M.: *Continents and Supercontinents*, Oxford: Oxford University Press 2004, S. 146

Belebte Natur – Unbelebte Natur?

Gehen wir einen Schritt weiter: Bisher haben wir immer von der unbelebten Natur auf der einen Seite und den Lebewesen auf der anderen gesprochen. Wir sind es nun einmal gewohnt, Lebewesen von toten Dingen zu unterscheiden. Schnurrende Katze lebt. Stein ist tot. Aber beides sind Ausprägungen derselben Natur. Nur dass die Lebewesen ungleich komplexer sind. Und weil sie so komplex sind, können sie auf ganz andere Art und Weise auf ihre Umwelt reagieren. Natürlich macht die Katze einen anderen Eindruck auf dich als der Stein. Wenn du die Katze streichelst, werden diese Berührungsreize in ihrem Hirn eine Reaktion hervorrufen, die durch Anregung verschiedenster Muskel ihren Körper um deine Beine streichen oder dich anfauchen lässt. Ein Stein hat diese Möglichkeit nicht.

Anderes Beispiel: deine Wohnzimmerlampe. Schalter drücken: Licht geht an. Schalter noch mal drücken: Licht ist wieder aus. Mehr geht nicht. Jetzt: Ein Smartphone. Auch dieses arbeitet in seinen Prozessoren mit »Strom an« und »Strom aus«. Nur dass die Stromkreise hier wesentlich komplizierter und hochgradig untereinander vernetzt sind. Du wischst über die Oberfläche, drückst darauf. Dann konzentrierst du dich auf das, was auf dem Display erscheint, du lachst, du ärgerst dich, du grübelst … Von außen gesehen wechselwirken hier zwei Teile der Natur sehr intensiv miteinander: eine recht komplexe Struktur (dein Smartphone) und eine super-mega-komplexe Struktur (du).

Könnte man es einem Alien verübeln, wenn er Smartphone und Mensch entweder einfach als zwei komplexe Strukturen oder gar als zwei Lebewesen wahrnehmen würde, die in Symbiose miteinander leben? Genauso wie der Mensch in jeder Phase seines Lebens auf andere Lebewesen angewiesen ist, ist das Smartphone bei seiner Entstehung und dem Laden des Akkus auf den Menschen angewiesen. Und dank des »zwischengeschalteten menschlichen Gehirns« verbessern sich diese Geräte von Gene-

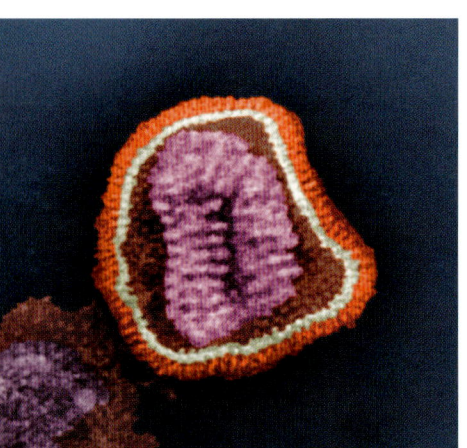 

Links: Influenzavirus; rechts: Bäckerhefe

Was ist Leben?

Auf den ersten Blick scheint es problemlos möglich zu sein, Lebewesen von lebloser Materie unterscheiden zu können. Schaut man jedoch genauer hin, erkennt man, dass diese Einteilung offensichtlich gar nicht so eindeutig ist. Zu den einfachsten Lebensformen hin löst sich die harte Grenze zwischen dem, was wir als belebt oder unbelebt wahrnehmen, auf. Biologen definieren Leben daher oft anhand von Funktionen. So sollten Lebewesen beispielsweise einen Stoffwechsel aufweisen, sich fortpflanzen und über Mutationen verändern können. Viren (wie beispielsweise das Influenzavirus, Abbildung links) wären dieser Definition nach keine Lebewesen, da diese bei der Reproduktion auf eine Wirtszelle angewiesen sind und anstelle eines eigenen Stoffwechsels denjenigen anderer Organismen benutzen – und diesen sogar nach Bedarf manipulieren. Demgegenüber ist Bäckerhefe (rechtes Bild) ein Lebewesen, da sie Stoffwechsel betreibt und sich

ration zu Generation. Sie passen sich damit ihrer Umwelt – den menschlichen Bedürfnissen – immer besser an. Falls sich diese Bedürfnisse, also die »Umweltbedingungen« ändern, besteht die Gefahr, dass es wie so manche hoch spezialisierte Tierart »ausstirbt«.

selbst vermehren kann. Es gibt aber auch zahlreiche andere, teils recht abstrakte Definitionen. Einer von vielen Vorschlägen besteht darin, »Netzwerke aus tiefer stehenden negativen Rückmeldungen, die höheren positiven Rückmeldungen untergeordnet sind«*, als Leben anzusehen. Hiermit sind nun ganze Gruppen von Lebewesen erfasst, die sich im Wechselspiel miteinander aufrechterhalten und reproduzieren können. Viren würden damit als Lebewesen gelten, da sie in der Lage sind, für ihre Vermehrung zu sorgen.

Noch schwieriger wird es, wenn man sich auf die Suche nach außerirdischem Leben macht. Da man heutzutage mit Raumsonden die Planeten und auch kleinere Körper im Sonnensystem vor Ort untersuchen kann und inzwischen auch tausende Planeten um andere Sterne gefunden wurden, ist eine seriöse Suche nach Leben im All endlich möglich und zu einer echten Wissenschaft geworden. Aber: Würden wir außerirdische Lebensformen tatsächlich als Lebewesen erkennen? Um dieses Problem zu umgehen, kann man zwei Auswege nutzen, wobei aber jeder einen Haken hat. Zum einen kann man einfach nach Spuren der Art von Leben suchen, wie wir es auf der Erde kennen. Dies hat natürlich den Nachteil, dass man mögliche andere Lebensformen ausblendet und die Frage nach Leben im All damit nur unzureichend beantworten kann. Zum anderen könnte man sich auf bestimmte Funktionen und Eigenschaften einigen, die ein Lebewesen aufweisen sollte. Allerdings ist dies bisher nicht gelungen. Je nachdem, ob man Physiker, Philosophen, Chemiker oder eben Biologen fragt, wird man auf unterschiedliche Ansichten stoßen. Man wird wohl erst etwas »Seltsames« finden müssen, um sich dann am konkreten Beispiel darüber Gedanken zu machen, ob es sich um ein Lebewesen handelt oder nicht ...

* Korzeniewski, B.: *Cybernetic formulation of the definition of life*, in: *Journal of Theoretical Biology* 2001; 209(3), S. 275-285

Das Smartphone-Mensch-Beispiel zeigt uns aber noch etwas anderes. Schau dir einmal deine Umgebung an. Sicherlich fallen dir sofort zahlreiche Dinge in den Blick, die sich Menschen erdacht und geschaffen haben. Auch dieses Buch gehört dazu. Genauso wie das Dorf oder die Stadt in der du lebst. Der Mensch wurde nicht nur von der Natur hervorgebracht, sondern verändert diese auch. Das machst du jeden Tag. Ständig. Mit jedem Atemzug. Jedes Lebewesen tut dies. Aber das Gehirn des Menschen ist um Längen komplexer. Es kann Zusammenhänge schneller und umfassender erkennen. Wir verändern die Natur im Kleinen wie im Großen und diese verändert wiederum uns.

Beispiel Klimawandel: Wir richten uns unser Leben mit Autos und viel Schnickschnack gemütlich ein und verbrennen dabei massenweise Kohle und Öl. Klar, dass sich die chemische Zu-

Lebewesen verändern ihre Umwelt –
Die Umwelt beeinflusst die Entwicklung des Lebens

Die Atmosphäre der Ur-Erde enthielt praktisch keinen Sauerstoff. Bakterien, die als Blaualgen bekannt sind, begannen bereits vor 3,5 Milliarden Jahren Sauerstoff durch Photosynthese aus dem Wasser freizusetzen. Aber erst vor ca. 350 Millionen Jahren erreichte der Sauerstoffgehalt erstmals den heutigen Wert von 21% und stieg vor 300 Millionen Jahren sogar auf 35% an. Man vermutet, dass dieser hohe Sauerstoffgehalt die Ursache für das damalige Auftreten von riesigen Insekten war, wie beispielsweise von Libellen mit 70 cm Flügelspannweite*. Das größte bekannte Massensterben der Erdgeschichte vor ca. 250 Millionen Jahren geht ebenfalls einher mit einer drastischen Änderung des Sauerstoffgehalts der Luft. Damals sank sein Anteil bis auf 15% ab.

* Graham, J.B. et al.: *Implications of the late Palaeozoic oxygen pulse for physiology and evolution*, in: Nature 375, S. 117–120

sammensetzung der Luft dadurch verändert. Wärme kann dann besser in der Atmosphäre gehalten werden – es wird global wärmer. Als unmittelbare Folge werden wir auf lange Sicht aus bestimmten Regionen der Welt verdrängt. Oder müssen uns anderweitig anpassen. Es ist auch nicht auszuschließen, dass die sich ändernden Lebensumstände indirekt Auswirkungen auf den Genpool der Menschheit haben werden. Mit anderen Worten: Natur und Mensch und das gesamte Ökosystem Erde verändern und entwickeln sich gemeinsam.

Felsmalerei im Tassili n'Ajjer, Sahara (Algerien).

Der Mensch verändert die Umwelt – Die Umwelt verändert den Menschen

Zu Beginn der Jungsteinzeit erfolgte der Übergang von Jäger- und Sammlerkulturen zu sesshaften Bauern und domestizierten Tieren und Pflanzen. Die Menschen mussten sich nun nicht nur auf einen neuen Speiseplan einstellen, sondern sich auch den Krankheitserregern ihrer Tiere anpassen. Die hiermit einhergehenden Selektionsprozesse haben ihre Spuren in unserem Erbgut hinterlassen.

Resümee

Du bist ein Mensch. Du bist ein Individuum, dessen Leben auf vielfältige Weise mit anderen Menschen und Lebewesen verschiedenster Art verknüpft ist. Niemand kann bisher diese Komplexität überblicken. Auch Wissenschaftler untersuchen immer nur winzige Ausschnitte in diesem grandiosen Bild. Wenn man aber an die richtige Stelle schaut, findet man den Punkt, an dem alles zusammenläuft. Es sind die vier »Buchstaben«, in welchen die Baupläne allen Lebens verschlüsselt sind. Baupläne, die erst einfach und dann im Wechselspiel mit der Natur und den Lebewesen untereinander immer komplexer wurden. So komplex, dass bereits eine erste Art von Lebewesen – der Mensch – dieses System von Bauplänen erkannt hat und beginnt, diese zu entschlüsseln und zu manipulieren. Es ist so, als ob ein Computer in der Lage wäre, sich selbst zu erkennen und seine eigenen Programme zu analysieren. Und diese selbstständig zu verändern. Nur dass Computer von Menschen gebaut werden. In der Natur musste die »Hardware« in einfachster Form ohne Zutun des Menschen, sozusagen von Grund auf, entstehen. Und brauchte hierfür 3,7 Milliarden Jahre.

Im Alltag ist jeder von uns meist voll und ganz von seinen Gewohnheiten und den Notwendigkeiten des Lebens eingenommen und versucht, »den Kopf über Wasser zu halten«, statt ständig Sinnfragen zu stellen. So hat uns die Natur eingerichtet – denn dies war das Verhalten, das uns bisher überleben ließ. Aber auch die Neugier gehört zu unseren Eigenschaften. Und diese hat uns inzwischen so weit gebracht, dass wir bei genauem Hinsehen ernüchtert erkennen mussten, dass wir gar kein unbegreifliches Wunderwerk sind. Sondern das Ergebnis eines komplizierten aber natürlichen Entwicklungsweges. Zwar hat man die Entwicklung des Lebens bei weitem noch nicht im Detail verstanden. Die Baupläne zu lesen und zu vergleichen ist eben schwierig, aber sie liegen in unserer Hand und werden uns helfen, diesen Weg zu enthüllen.

Das sollen wir also sein?! Der Mensch – zwar kein reines »Zufallsprodukt«, wie manche Gegner der Evolutionstheorie geringschätzig behaupten. Aber eben doch nur ein »Naturprodukt«, gefertigt nach den Gesetzen der Natur. Ein hochgradig komplexer Mechanismus. Ein Baustein im Ökosystem Erde, tief eingebunden in das Wechselspiel mit anderen Lebensformen. Vielleicht ein Zwischenprodukt – wie so manche Lebensform auf dem Weg zum Menschen. Vielleicht ein Endprodukt – denn nicht jede Art überlebt. Die Geschichte der Menschheit? – Im Prinzip nichts anderes als ein Langzeit-Experiment der Natur. Und du? – Ein einzelnes von momentan über 7 Milliarden Individuen seiner Art. Mit einer Lebensspanne von bestenfalls 3 Tausendstel Millimetern auf der 100-m-Strecke des bisherigen irdischen Lebens.

Denk nicht, dass dies die ganze Geschichte war.
Zum Glück nicht.

Dies war erst der Einstieg. Wir haben uns
vorerst nur mit uns selbst beschäftigt und dabei
das große Ganze noch nicht einmal gesehen.
Es wird Zeit, über den Tellerrand zu schauen …

Deine Welt –
Mit 8 Fragen
an den Rand von Raum und Zeit

Schau dich einmal um. Was siehst du?

Nichts Besonderes?

Sicher?!

Tipp: Du hast dich vielleicht einfach zu sehr an alles gewöhnt.

Streng deinen Geist ein wenig an.

Noch ein bisschen.

Und?!

Du siehst …

Die Welt. Zumindest ein Stück davon. Und du bist mittendrin.

Frage: »Und was soll hieran besonders sein?«

Antwort: »Einfach alles!«

Fangen wir mal damit an, dass es die Welt überhaupt gibt.

Und dass sie so ist, wie sie ist.

Woher kommt sie denn – die Welt?

Moment mal – kann sie denn überhaupt von irgendwoher

kommen, wenn sie doch *alles* ist?

Schluss mit dem Philosophieren. Wir brauchen Fakten.

Fakten können aber ziemlich trocken sein. Werden wir also persönlich. Wir gehen zurück zu unserer ursprünglichen Frage:

Woher kommst DU?

Sobald du die Antwort hierauf kennst, wirst du auch wissen, woher der Rest stammt. Erinnerst du dich? – Du bist ja ein Teil der Natur – ein Teil *der* Welt, deren Wurzeln wir jetzt suchen werden.

Nur müssen wir ab sofort etwas tiefer bohren als bisher … los geht's:

Stell dir vor, du erhältst ein Paket ohne Absender. Nichts an seinem schlicht-grauen Äußeren lässt darauf schließen, wer es dir geschickt hat. Wie bekommst du heraus, woher es stammt? Du wirst es wahrscheinlich aufmachen. Der Inhalt wird dich auf die Spur führen.

Das Gleiche machen wir jetzt mit einem Menschen. Aufmachen. Zerlegen. Nein – wir werden jetzt nicht über Knochen, Gewebe, und Körperflüssigkeiten reden. Das ist viel zu kompliziert und würde uns keinen Deut voranbringen. Wir müssen genauer hinschauen. Nehmen wir ein Mikroskop. Damit erkennen wir Zellen, darin die Zellkerne mit der Erbsubstanz, deinen Genen. Aber alles, was uns diese über deine Herkunft verraten, haben wir im ersten Kapitel bereits zusammengetragen. Und jetzt? Du ahnst es schon … Jetzt müssen wir einfach noch *viel* genauer hinschauen.

Ein Zellkern ist ca. einen hundertstel Millimeter groß. Was uns jetzt interessiert, ist aber noch 100 000 Mal kleiner – es sind Atome. Nicht nur der Zellkern, sondern alle Dinge, alles was du anfassen kannst, besteht aus Atomen. Also auch du. Und das Tolle daran ist: Verglichen mit der unglaublich komplexen Anatomie deines Körpers, gibt es nur wenige verschiedene Atome, um die wir uns ab jetzt kümmern müssen.

Man kennt gut 100 Sorten von Atomen. Hört sich vielleicht doch nicht so wenig an. Aber so manches Lego-Set enthält eine größere Auswahl unterschiedlicher Bausteine – und hieraus kann man keinen echten Menschen bauen. Außerdem braucht man bei Weitem nicht einmal alle verschiedenen Atomsorten – man nennt sie auch »Elemente« – für einen Menschen!

Wenn wir einen Menschen (dich ...) in seine Atome zerlegen würden, käme dabei Folgendes heraus: Jedes 4. Atom ist ein Sauerstoffatom, jedes 10. ein Kohlenstoffatom. Und mehr als die Hälfte des menschlichen Körpers – nämlich 63 % – besteht aus Wasserstoffatomen. Das Wasserstoffatom ist übrigens das einfachste und kleinste aller Atome.

Kaum zu glauben, oder? – Du bestehst zu 98 % aus nur 3 verschiedenen Elementen! Die restlichen 2 % des Körpers bestehen aus diversen anderen Elementen, allen voran Stickstoff (1,4 %). Wenn wir wissen, woher die Top 3 stammen, erfahren wir übrigens auch, woher all die anderen Elemente kommen. Und dann wissen wir nicht nur woher das Baumaterial des Menschen, also *wir* stammen, sondern auch wo alles was wir in dieser Welt sehen, seinen Ursprung hat.

CHNOPS

Natürlich braucht unser Körper mehr als Wasserstoff (H), Sauerstoff (O) und Kohlenstoff (C), um zu funktionieren. Wenn man neben Stickstoff (N) noch Phosphor (P) und Schwefel (S) hinzunimmt, hat man aber zumindest schon die sechs wichtigsten Elemente beisammen (leicht zu merken als »CHNOPS«), die in Biomolekülen und damit in Lebewesen allgemein vorkommen. Hinzu kommen etwa weitere 20 Spurenelemente, die eine aktive positive Rolle im menschlichen Körper spielen*.

* Nielsen, F.H: *Ultratrace minerals*, in: *Modern nutrition in health and disease*, Editors M.E. Shils, etal., Baltimore, Williams & Wilkins (1999)

Die Spurensuche beginnt

Einstiegsfrage:

»1. Woher hast du deine Atome?«

Ein Teil davon stammt sicherlich noch von deinem heutigen Frühstück. Egal ob du Müsli, Marmeladenbrot oder nur einen Kaffee zu dir genommen hast. Wir zählen hier keine Kalorien. Ein hoher Anteil an Wasserstoffatomen war auf jeden Fall in deinem Getränk. Kohlenstoff war vor allem im Brot oder den Haferflocken. Und Sauerstoffatome hast du nebenbei immer im Doppelpack eingeatmet (O_2). Sie waren aber auch reichlich in all den anderen leckeren Dingen auf deinem Frühstückstisch enthalten. Dein Körper hat sich dann um die Verdauung gekümmert und die Atome gleich auf den Weg geschickt, sodass sie an der passenden Stelle in deinen Körper eingebaut werden konnten. Naja, eigentlich gibt es hier sogar eine Abkürzung. Was wir in unseren Mund stecken, muss nicht komplett »atomisiert« werden. Tatsächlich kommen die Atome üblicherweise in Verbünden – man nennt sie Moleküle – in unserer Nahrung vor. Und bei der Verdauung werden viele Moleküle nur zum Teil zerlegt und dann weiter auf die Reise durch unseren Körper geschickt.

Der nächste Schritt auf unserer Spurensuche ist einfach. Jetzt lautet die Frage:

»2. Woher kommt unser Essen?«

Wenn du bis hierher gelesen hast, bist du sicherlich alt genug, die Antwort hierauf zu kennen …

Fassen wir gleich mal zusammen und sagen, dass das Rohmaterial als Gemüse und Früchte in großen Mengen auf Feldern und in Obstplantagen wächst. Ein Teil davon gelangt aber nicht direkt zu uns, sondern zu Tieren, die selbst oder ihre Produkte dann auch von uns gegessen werden. Falls du Veganer bist, also pflanzliche Kost auf deinem Speiseplan bevorzugst, trifft der letzte Satz zwar nicht auf dich zu. In jedem Fall sind es aber andere Lebewesen und deren Produkte, welche wir als Nahrung zu uns nehmen, um uns die Energie zum Erhalt unseres eigenen Organismus zu liefern.

Damit sind wir schon bei der nächsten Frage:

»3. Wo finden wir denn Lebewesen?«

Antwort: Überall wo wir nur hinschauen – an Land, im Wasser, in der Luft. Das Leben scheint sich überall hin auszudehnen. Es scheint Wege zu finden, um selbst unter den widrigsten Bedingungen zu überleben. Die Art und Weise, wie die Eigenschaften von Lebewesen in ihrem Erbgut codiert sind, erlaubt es offenbar, dass diese Baupläne des Lebens zur Schaffung von Lebensformen, die verschiedenste äußere Bedingungen vertragen, angepasst werden können. So wie dies auch bei den sich ständig ändernden Umweltbedingungen im Laufe der Erdgeschichte passiert ist.

Immer wieder findet man exotischere Extremophile – das sind Lebewesen, die unter eigentlich lebensfeindlichen Bedingungen überleben können. Temperaturen von 120 °C? – Kein Problem. –200 °C? – Ebenso wenig. Leben im Gestein? – Selbstverständlich auch hier. Bis zu 60 km hoch in der Atmosphäre und 5 km tief im Erdboden hat man Lebensformen entdeckt. Im Gegensatz zu Mikroorganismen, die man auch an diesen Außengrenzen findet, hat sich höheres Leben, wie der Mensch, in einem eher schmalen Bereich dazwischen eingerichtet.

Obwohl … Menschen sind doch inzwischen, zumindest für ein paar Tage, sogar bis zum Mond vorgedrungen. Ein erster Versuch des Ökosystems Erde, sich über unseren Planeten hinaus auszudehnen? Und eines sollten wir hierbei auch nicht aus dem Blick verlieren: Zwar ist die Spezies Mensch diejenige, welche sich die hierfür benötigte Technologie ausgedacht hat, denn schließlich sind nur wir bei der Entwicklung des Lebens mit einem hierfür ausreichend komplexen Gehirn ausgestattet worden. Aber wahrscheinlich fungieren wir trotzdem nur als Dienstboten für Mikroorganismen. Denn diese haben letztendlich die größte Chance, sich eines Tages an die Extrembedingungen anderer Himmelskörper anzupassen, und so den Grundstock für ein weiteres Abenteuer der Entwicklung des Lebens unter neuen Bedingungen zu bilden. Vielleicht sind die ersten Mikroorganismen bereits seit Jahrzehnten auf nicht ausreichend sterilisierten Raumsonden unterwegs in die Tiefen des Alls? Ist also der Mensch nicht die Krone, sondern nur ein hilfreicher Baustein des Ökosystems Erde auf seinem Sprung ins Weltall?

Überlebenskünstler

Es gibt zahlreiche Arten von Lebewesen, welche unter – aus unserer Sicht – extremen Bedingungen überleben können. So schaffen es die ca. 1 mm großen Bärtierchen (Abbildung links) bei Temperaturen von bis zu -273 °C und bei absoluter Trockenheit zu überleben. Außerdem zeichnen sie sich durch eine hohe Resistenz gegenüber radioaktiver Strahlung aus. Selbst unter den Bedingungen von Vakuum, Kälte und UV-Strahlung im freien All hat ein Teil einer Probe von Bärtierchen zehn Tage lang überlebt[*]. Sie gehören damit zu den extremophilen Organismen, welche in der Mehrzahl allerdings einzellige Mikroorganismen sind.

[*] Lorena Rebecchi et al.: *Resistance of the anhydrobiotic eutardigrade Paramacrobiotus richtersi tospace flight (LIFE-TARSE mission on FOTON-M3)*, in: *Journal of Zoological Systematics and EvolutionaryResearch 49*, 2011

Ein Schritt vor die Haustür

Wir haben gesehen, wo es sich das Leben auf unserem Planeten eingerichtet hat. Wenn wir auf der Suche nach unserem Ursprung weiterkommen wollen, lautet die nächste Frage folgerichtig:

»4. Woher stammt unser Planet?«

Hierzu verlassen wir gedanklich unsere Erde und schauen uns in unserer Nachbarschaft ein wenig um. Wir finden uns im Planetensystem um die Sonne wieder und sehen, dass unser Heimatplanet sieben recht unterschiedliche Geschwister hat. Erde und Mond sind aus der Perspektive, in der wir alle Planeten im Blick haben, zwei winzige, eng beieinanderstehende Kügelchen. Gut 1 Sekunde braucht das Licht, um vom Mond zur Erde zu gelangen. Von der Sonne zur Erde sind es etwa 8 Minuten, von der Sonne bis zum Neptun, dem äußersten der insgesamt 8 Plane-

Familienporträt
Sonne und Planeten im Größenvergleich (von links nach rechts: Sonne, Merkur, Venus, Erde, Mars, Jupiter, Saturn, Uranus, Neptun). So nah wie in dieser Fotomontage stehen die Planeten allerdings nicht beieinander. Gemessen an der dargestellten Größe des Jupiters würde der Abstand des äußersten Planeten Neptun von der Sonne etwa der 4800-fachen Breite der obigen Abbildung entsprechen.

Ein enges Pärchen

Erde und Mond, aufgenommen mit dem *Mars Reconnaissance Orbiter* der NASA aus seiner Umlaufbahn um den Mars. Während die Erde-Mond-Entfernung etwa 1,3 Lichtsekunden beträgt, benötigte das Licht von Erde und Mond zum Zeitpunkt der Aufnahme etwa 11 Minuten, bevor es am Mars angekommen war.

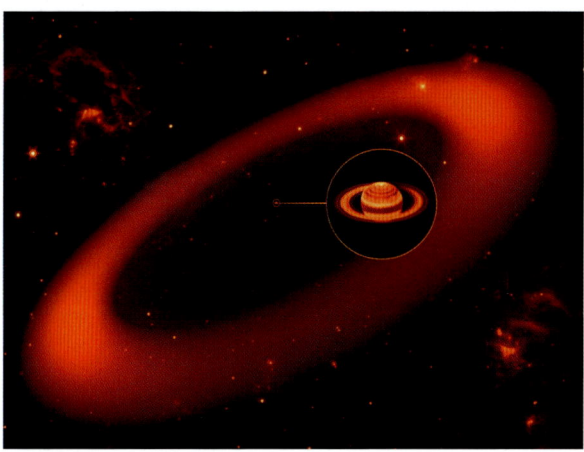

Künstlerische Darstellung des äußersten Saturnrings

Nebenbei bemerkt: Man sollte meinen, dass im Sonnensystem alles »Große« bereits vor langer Zeit entdeckt wurde. Es gibt aber auch hier immer wieder Überraschungen. So wurde mit dem Spitzer-Weltraumteleskop erst im Jahre 2009 ein weiterer Ring um den Saturn gefunden, der – könnte man ihn vom Erdboden aus sehen – den doppelten Vollmonddurchmesser hätte.

ten, sind es gut 4 Stunden. Ein riesiges Areal im Vergleich zur Größe unseres Heimatplaneten, den ein Lichtstrahl über 7 Mal pro Sekunde umlaufen könnte. Aber winzig im Vergleich zu den Entfernungen, die wir später noch überbrücken müssen.

Jeder dieser Planeten ist einzigartig, mit oder ohne Ringe, mit oder ohne Monde, kraterübersät oder wolkenverhangen. Ihr auffälligstes Unterscheidungsmerkmal aber ist ihre Größe. Während im Inneren des Sonnensystems Merkur, Venus, Erde und Mars als kleine Gesteinsplaneten um die Sonne ziehen, sind Jupiter, Saturn, Uranus und Neptun im äußeren Bereich des Sonnensystems riesige Gasplaneten.

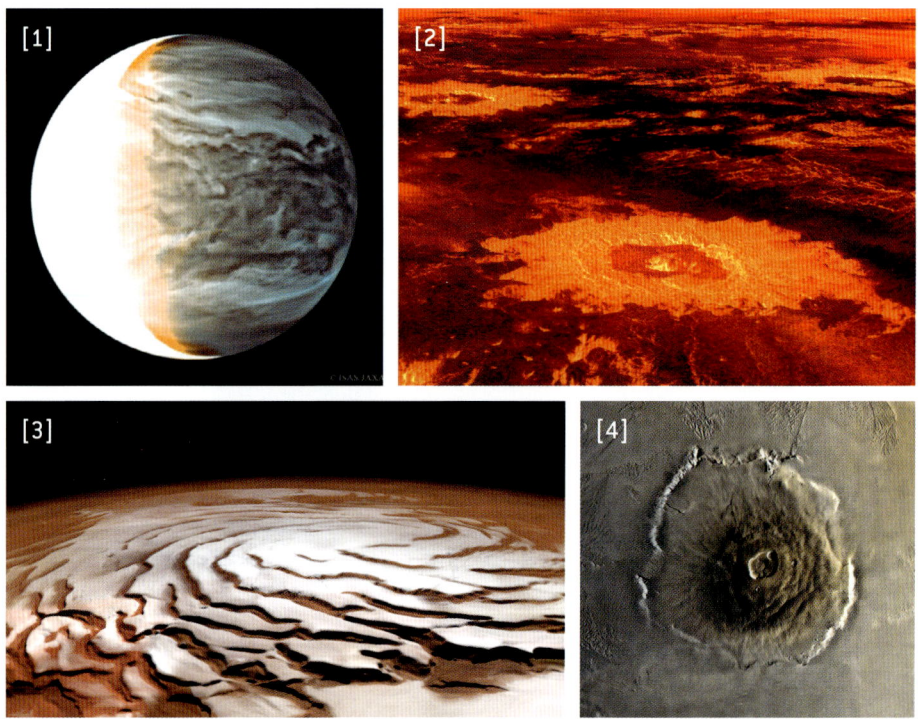

Soweit zum Familienporträt. Aber wie bekommen wir heraus, woher die Geschwister der Erde – und damit auch unser Heimatplanet – stammen? Auf der Erde haben das Wetter, der Vulkanismus und ständige Verschiebungen von Teilen der Erdkruste die Spuren recht gut verwischt. Auf den anderen kleinen Planeten sieht es nicht viel anders aus – mal waren es auch Wetter und Vulkanismus, mal Meteoriteneinschläge.

Meteoriteneinschläge? Es gibt also doch mehr als nur Planeten im Sonnensystem. Und tatsächlich: Zwischen Mars und Jupiter und außerhalb der Neptunbahn liegen Gürtel von Trümmern in Staubkorngröße bis hin zu Zwergplaneten mit Durchmessern um die tausend Kilometer. Wenn es in diesen Trümmerfeldern zu Kollisionen kommt, verteilen sich die Bruchstücke über das

Wetter, Vulkanismus und Meteoriteneinschläge auf unseren Nachbarplaneten

[1] Wolkenverhüllte Venus. Die Atmosphäre hat etwa die 90-fache Masse der Erdatmosphäre, was etwa einem Drittel der Masse der irdischen Weltmeere entspricht. Am Boden herrscht ein Druck, welcher dem in etwa 910 m Wassertiefe auf der Erde gleichkommt. Außerdem beträgt die mittlere Temperatur in Bodennähe 464 °C. Insbesondere der in der Vergangenheit deutlich aktivere Vulkanismus sorgte für eine ständige Veränderung der Venusoberfläche. Darüber hinaus finden sich auf der Venus knapp tausend Einschlagkrater – etwa doppelt so viele wie auf der Erde.

[2] Drei Einschlagkrater auf der Venus. Der Krater im Vordergrund hat einen Durchmesser von 49 km.

[3] Winter auf dem Mars-Nordpol. Die spiralförmige Struktur des meterdicken Trockeneisschildes hat seine Ursache in den Winden in dieser Region. Die Atmosphäre ist allerdings recht dünn: Der Luftdruck am Boden ist mit 0,6% des irdischen Wertes etwa so gering wie 35 km über der Erdoberfläche.

[4] Vulkanismus spielte eine wichtige Rolle in der frühen Entwicklung des Mars. Der Vulkan *Olympus Mons* in der vulkanreichen Tharsis-Region erhebt sich 26 km über die umliegende Tiefebene.

Sonnensystem. Außerdem kommen manchmal aus den äußersten Regionen des Sonnensystems auch Kometen vorbei – das sind die mit dem Schweif – und verlieren auf ihrem Weg auch so manchen kleineren oder größeren Gesteinsbrocken.

Weißt du, was passiert, wenn unser »Raumschiff Erde« auf seiner Bahn um die Sonne auf solche Trümmer trifft? Wenn es kleine Steinchen sind, die dann mindestens raketenschnell, häufig aber auch fast zehnmal schneller durch die Atmosphäre rasen, wird es auf ihrer Bahn so heiß, dass sie und die Luft um sie herum anfangen zu glühen. Das Schauspiel ist im Bruchteil einer Sekunde vorbei und am besten nachts zu sehen. Es sind Stern-

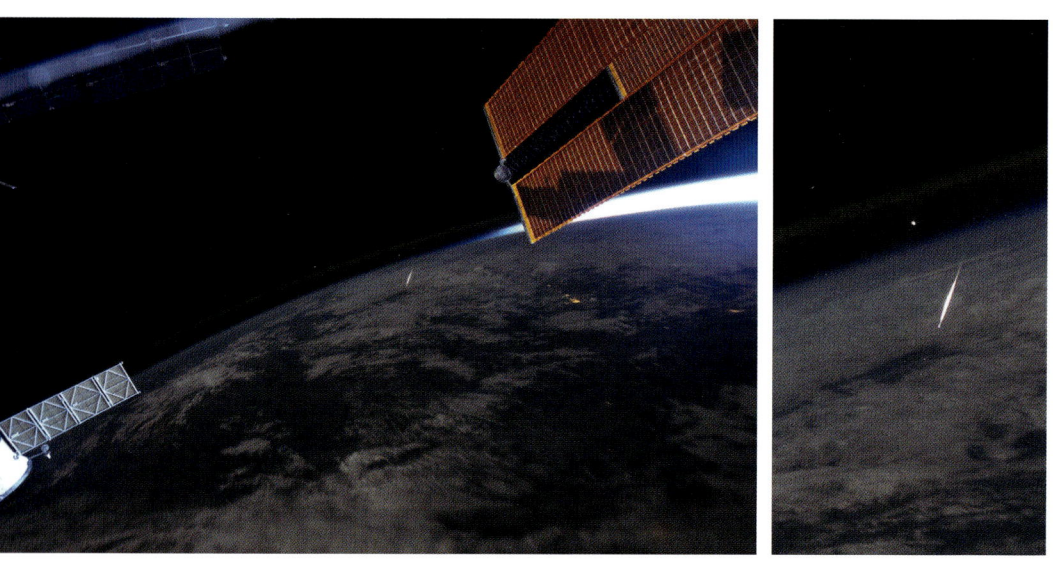

Sternschnuppe von oben
Eine von der Internationalen Raumstation aufgenommene Sternschnuppe – ein Gesteinsbrocken, der gerade in die weit unterhalb der Raumstation liegenden, dichteren Schichten der Atmosphäre eintritt (rechts: Ausschnittsvergrößerung).

schnuppen! Die etwas Größeren verglühen dabei nicht ganz, sondern erreichen den Erdboden. Da sie nach ihrem feurigen Ritt durch die Atmosphäre recht dunkel sind, können sie idealerweise auf dem Schnee der Antarktis, aber natürlich nicht nur dort, gefunden werden.

Ausgerechnet diese Steinchen – diese Meteorite – geben uns die nächsten Hinweise für unsere Spurensuche. Die meisten von ihnen stammen aus der Urzeit unseres Sonnensystems und haben sich seither kaum verändert. Sie sind Relikte aus der Zeit, als die Planeten entstanden sind und sie als »Bauschutt« übrig blieben. Altersanalysen ergeben, dass sie 4,6 Milliarden Jahre alt sind. So alt ist also unsere Erde.

Erinnerst du dich, wie alt die ältesten Spuren von Leben auf der Erde sind? – Richtig, es waren 3,7 Milliarden Jahre. Zu etwa dieser Zeit wurde es in unserem Sonnensystem erst ruhig. Denn vorher war es noch nicht so »aufgeräumt« wie jetzt. Riesige Felsbrocken, wie sie heutzutage in den Ringen zwischen Mars und Jupiter und außerhalb der Neptunbahn zu finden sind, flogen in den ersten paar 100 Millionen Jahren kreuz und quer durch das Sonnensystem. Die großen Krater, die man mit einem einfachen Fernglas auf dem Mond erkennen kann, stammen aus eben dieser Zeit. Natürlich wurde damals auch die Erde heftig bombardiert.

Vielleicht gab es erste Anläufe des Lebens bereits früher, also vor über 4 Milliarden Jahren? Und wenn – so wurde ihm das Überleben und noch mehr seine Entwicklung durch andauernde gigantische Einschläge denkbar schwergemacht. Verdampft, gekocht, atomisiert im flüssigen Gestein, dass immer wieder aus

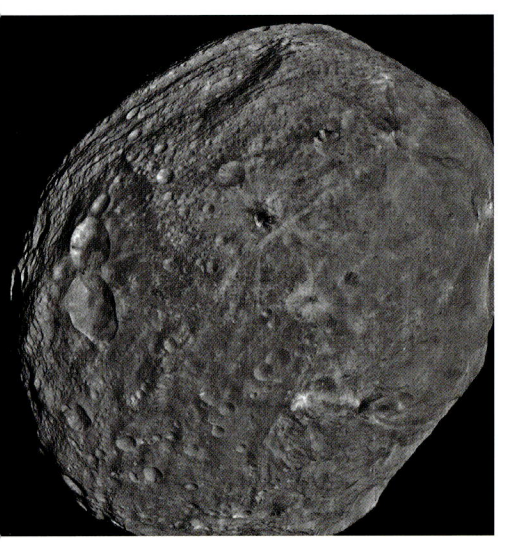

Heimat der Sternschnuppen

Meteorite sind primär Bruchstücke aus Kollisionen größerer Körper im Asteroidengürtel zwischen Mars und Jupiter. Die Vesta (oben links) ist mit einem Durchmesser von 516 Kilometern der zweitgrößte Körper in diesem Trümmergürtel. Unter der Vielzahl der gefundenen Meteoriten gibt es zahlreiche Gesteinsbrocken, von denen vermutet wird, dass sie durch Einschläge auf der Vesta herausgeschlagen wurden und auf diese Weise zur Erde gelangten (Bild rechts: ca. 6 cm großer Meteorit, der vermutlich von der Vesta stammt). Es sind sogar Meteorite gefunden worden, die vom Mars und von unserem Mond stammen.

dem Inneren quoll, wenn wieder einmal ein Felsbrocken die feste Erdkruste durchschlagen hatte.

Übrigens: Unser Mond ist selbst erst kurz nach Entstehung der Ur-Erde durch deren Kollision mit einem etwas kleineren Planeten von der Größe des Mars entstanden. Riesige Mengen von Material wurden bei diesem apokalyptischen Spektakel aus der Erde herausgeschlagen, umkreisten sie und formten schließlich den Mond.

Gesteinsbrocken können auch von Kometen aus den äußeren Bereichen des Sonnensystems auf der Bahn unseres Planeten hinterlassen werden und dann ebenfalls als Sternschnuppen zu sehen sein, sobald wir hindurchfliegen. Ob allerdings einige der gefundenen Meteorite tatsächlich von Kometen stammen, ist noch nicht zweifelsfrei erwiesen.

Der entscheidende Hinweis, den uns die Steinchen aus dem All geben, ist aber ein anderer. Hierzu muss man sie im Labor in ihre stofflichen Bestandteile zerlegen. Und jetzt die Überraschung: Die Elemente in den Meteoriten kommen in etwa genauso häufig wie auf der Sonne vor! Zugegeben, die Sonne besteht vor allen Dingen aus Gasen, die von so einem kleinen Steinchen im Laufe der Jahrmilliarden längst verloren gegangen sind. Aber der ganze Rest ist nahezu identisch! Weißt du, was das heißt?! Diese Steinchen – der Bauschutt der Planeten – und unser eigener Stern, die Sonne, sind aus dem gleichen Material entstanden. Unsere Erde – und damit letztendlich auch wir Menschen –

stammen aus den gleichen Zutaten, aus welchen sich vor 4,6 Milliarden Jahren das gesamte Sonnensystem bildete.

Aber *wie* ist unser Sonnensystem entstanden? Und wo?

Jetzt wird es knifflig. Wie soll man denn etwas untersuchen, was so unglaublich lang zurückliegt?

Indem wir schauen, ob wir die Geburt von Sternen – und ihren Planeten – auch noch heutzutage beobachten können …

Zur Wiege der Sterne

»5. Woher stammen die Sterne?«

Klar – um die Antwort hierauf zu finden, sollten wir unser Sonnensystem verlassen und uns weiter draußen im All umschauen. Wie wir dies tun? Indem wir am besten den Sternenhimmel in einer klaren Nacht einmal auf uns wirken lassen …

Aber Moment – du wohnst mitten in einer Stadt? Dann könnte es schwierig werden. Sicherlich wirst du ein paar helle Sterne sehen können, aber das reicht jetzt nicht aus. Möglich wäre es aber bereits am Stadtrand und möglichst weit weg von Straßenlaternen und blendenden Autoscheinwerfern. Wenn sich deine Augen an die Dunkelheit gewöhnt haben, kann es endlich losgehen.

Schau dir irgendeine Stelle am Himmel an. Wahrscheinlich siehst du hier und da einen Stern und dazwischen ist es pechschwarz. Dann lass deinen Blick ein wenig über den Himmel

Unsere Perspektive auf die Galaxis

Die Milchstraße vor der Kulisse des Ayers Rock (Uluru) in Australien. Interstellare Wolken aus Gas und Staub sind als dunkle Filamente vor dem Hintergrund des hellen Bandes aus Milliarden von Sternen deutlich zu erkennen. Wir – die Sonne und ihr Planetensystem – befinden uns in den äußeren Bereichen der Milchstraße, nahe der Mittelebene der scheibenförmigen Verteilung der Sterne in unserer Galaxie. Daher erscheint uns unsere Galaxie als ein Band am Himmel, während man aus einer Perspektive oberhalb der Scheibe die Milchstraße als typische Spiralgalaxie erkennen würde (siehe Abbildung Seite 59).

schweifen. Du wirst feststellen, dass es auch Bereiche am Himmel gibt, wo es zwischen den hellen Sternen noch so manchen leuchtschwächeren Stern und dann noch mal viele noch schwächere Sternchen gibt. Und wenn du ganz genau hinschaust, liegen diese entlang eines breiten, ganz schwachen Bandes, das sich über den Himmel zieht. Dann schaust du auf die Milchstraße – unsere Heimatgalaxie. Ein Gebilde aus 100 000 000 000 bis 300 000 000 000 Sternen – einer davon ist unsere Sonne.

Mit bloßen Augen, noch besser aber auf Fotografien sieht man jedoch, dass das Sternenband der Milchstraße von großen dunklen Flecken durchsetzt ist. Es ist aber nicht so, dass es hier keine oder weniger Sterne in der Milchstraße gäbe. Vielmehr liegen hier riesige interstellare Wolken aus Gas und ein wenig Staub zwischen uns und den weiter entfernten Sternen. Diese Wolken können Ausdehnungen von mehreren Lichtjahren haben – sind also typischerweise einige tausende bis zehntausende Male größer als unser Planetensystem. Und, was wirklich wichtig ist: Hier kann man zuschauen, wie auch heutzutage noch neue Sterne entstehen.

Zuschauen? – Wenn es eigentlich doch nur dunkle Wolken sind? Ja, das geht. Allerdings braucht man hierfür die richtige »Brille«. Die Geburt von Sternen findet nämlich im Verborgenen statt. Und wie? Dort, wo die Wolken besonders dicht sind, ziehen sie sich mit ihrer eigenen Schwerkraft zusammen – sie kollabieren. Und zwar so lange, bis sich in ihrem Innern ein dichter, heißer Gasball gebildet und sich in seinem Zentrum das »Sternenfeuer« entzündet hat. Allerdings sind die so neu entstandenen Sterne immer noch in die umgebende Wolke ein-

Kreißsaal für Sterne

Sterne entstehen in den dichtesten interstellaren Wolken aus Gas und Staub, so wie im 5500 Lichtjahre entfernten Nebel Sharpless 29, welcher im Sternbild Schütze in Richtung der zentralen Region der Milchstraße zu sehen ist. Die erst vor 2 Millionen Jahren entstandenen Sterne sind noch in ihren Geburtsnebel eingebettet, beleuchten und heizen diesen und lösen ihn mit ihren Sternwinden auf.

gepackt. Mit einer Wärmebildkamera kann man sie aber bereits zu diesem Zeitpunkt als heiße Flecken in den interstellaren Wolken aufspüren.

Die nächstgelegenen reichlich gefüllten Kinderstuben von Sternen sind 400 bis 500 Lichtjahre von uns entfernt. Wenn man jetzt mit Großteleskopen oder, noch besser, mit einem Weltraumteleskop hinschaut, zeigt sich, dass die jungen Sterne nicht »nackt« sind. Ein Teil des Gases und Staubes landet nämlich nicht direkt auf den Sternen, sondern bildet eine gigantische Scheibe um sie. Im Laufe von wenigen Millionen Jahren bilden sich hieraus Planeten – kleine Krümel wie unsere Erde, aber auch Gasriesen wie Jupiter und Saturn.

Vor 4,6 Milliarden Jahren entstand auf diese Weise auch das Sonnensystem. Sonne und Planeten gemeinsam. Und wahrscheinlich zusammen mit einigen anderen Sternen und deren Planeten. Wieso wir dies annehmen? Weil wir sehen, dass in den Wolken Sterne nie allein entstehen. Und wo sind die Geschwister der Sonne heute? Diese haben sich in der Zwischenzeit längst unter die riesige Zahl der Sterne in der Milchstraße gemischt.

Jetzt wissen wir, woher unsere Sonne und die Erde stammen. Sind wir damit am Ziel angekommen? Sagen wir mal so: Wir haben einen wichtigen Meilenstein unserer Geschichte erreicht. Aber es stellt sich natürlich die gleich die nächste Frage …

Der Geburtsort der Planeten

Scheibe aus Gas und Staub um den jungen Stern HL Tauri, dessen Alter auf weniger als 1 Million Jahre geschätzt wird. Das System befindet sich in einer Entfernung von etwa 450 Lichtjahren im Sternbild Stier. Als eine mögliche Erklärung für die dunklen Ringe vermutet man, dass hier bereits junge Riesenplaneten ihre Bahn ziehen, die sich aus dem Gas und Staub der Scheibe gebildet haben. Vor 4,6 Milliarden Jahren mag unser Sonnensystem ähnlich ausgesehen haben.

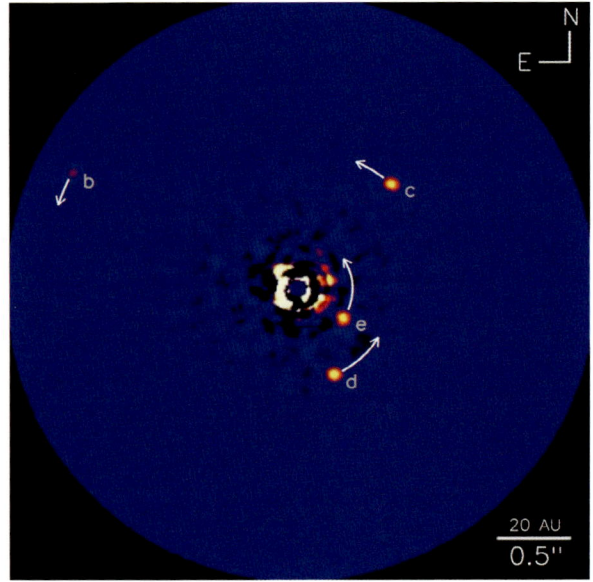

Planetensystem um den Stern HR 8799. Das System befindet sich in einer Entfernung von etwa 130 Lichtjahren.

Exoplaneten

Der erste indirekte Nachweis eines Planeten um einen sonnenähnlichen Stern gelang im Jahre 1995. Sein offizieller Name: »51 Pegasi b« oder »Dimidium«. Im Jahre 2011 wurden dann die ersten *Bilder* von Planeten, die andere Sterne umrunden, sogenannte extrasolare Planeten (kurz: »Exoplaneten«), veröffentlicht. Auf absehbare Zeit werden wir uns jedoch damit begnügen müssen, Exoplaneten bestenfalls als kleine Pünktchen neben dem viel helleren Zentralstern zu sehen – so wie in diesem Bild des Planetensystems um den Stern HR 8799. Für Bilder, die uns Details der Oberflächen dieser Planeten zeigen, bräuchte man wesentlich größere Teleskope als sie heutzutage verwendet werden oder in naher Zukunft zur Verfügung stehen werden. Trotzdem beginnt man bereits jetzt, Planeten im Detail zu untersuchen, indem wir ihr Licht analysieren. Besonders spannend hierbei: Die chemische Zusammensetzung ihrer Atmosphäre. Sie kann uns verraten, ob es auf dem Planeten Leben gibt. Hierzu untersucht man, ob in der Atmosphäre Gase in Kombinationen vorkommen, die nur durch das Vorhandensein von Lebewesen zu erklären sind. Als Referenz hierfür gilt das irdische Leben. Da inzwischen schon einige tausend Exoplaneten gefunden wurden, ist zu erwarten, dass wir schon in naher Zukunft der Antwort auf eine der größten Fragen der Menschheit einen entscheidenden Schritt nähergekommen sein werden: Ist Leben, wie wir es auf der Erde kennen, etwas Besonderes? Oder gibt es dies auch andernorts, vielleicht sogar häufig?

Generation Sternenstaub

»6. Woher stammt das Baumaterial für die Sterne?«

Um den Geburtsort der Sterne zu finden, mussten wir in die Milchstraße aufbrechen. Wir haben gesehen, dass es Wolken aus Gas und Staub sind, in denen wir selbst heutzutage noch die Entstehung neuer Sterne mitverfolgen können. Unser Sonnensystem und alle Sterne unserer Heimatgalaxie wurden in solchen Wolken geboren. Aber woher stammen diese Wolken?

Eine erste Antwort findet sich, wenn wir uns das Leben der Sterne, welches wenige Millionen Jahre bis hin zu über 10 Milliarden Jahren dauern kann, im Schnelldurchlauf ansehen. Nachdem sie die restliche Gaswolke verlassen oder weggeblasen haben, leuchten sie fast ihr gesamtes Leben hindurch nahezu unverändert. Zum Ende hin aber passieren dramatische Ereignisse. Sie blähen sich enorm auf und verlieren hierbei einen beträchtlichen Teil ihrer Hüllen. Und manche, nämlich diejenigen, welche besonders hell geleuchtet haben und ihre Energie innerhalb kürzester Zeit von nur wenigen Millionen Jahren verbraucht haben, explodieren sogar in einem mächtigen Feuerball – als Supernova.

Kurzum, Sterne geben manchmal all ihr Gas – daraus bestehen sie ja –, zumindest aber einen Teil davon am Ende ihres Lebens wieder ab. Und hieraus können nun neue Sterne und Planeten entstehen. Allerdings hat sich für die nächste Sternengeneration etwas verändert …

Bevor es weitergeht, eine kurze Zwischenfrage: Weißt du eigentlich, warum Sterne leuchten? Na klar, weil sie sehr heiß sind.

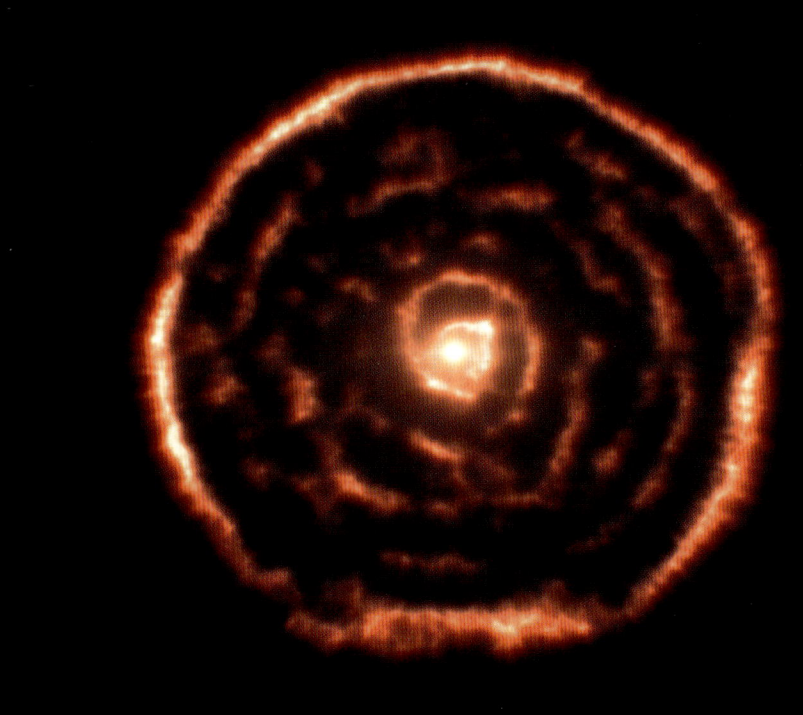

Sterbende Sterne

Zum Ende ihres »Lebens« hin stoßen Sterne – wie in diesem Bild der Stern R Sculptoris – ihre Hüllen ab. Das von den Sternen abgegebene Gas ist mit den im Laufe des Sternenlebens neu entstandenen Elementen angereichert. Weit oben auf der Liste (neben dem ursprünglichen Wasserstoff und Helium): Sauerstoff, Kohlenstoff, Stickstoff – wichtige Atome für die Grundbausteine des Lebens. Aber auch die anderen im Stern erzeugten Elemente, wie Silizium, Aluminium, Calcium – typische Baustoffe für Gesteinsplaneten – werden hier ins All geblasen. Hieraus können nun neue Sterne entstehen und mit ihnen Planetensysteme.

Im Laufe der Geschichte des Universums verändern Sterne also dessen chemische Zusammensetzung. Gab es zu Beginn fast ausschließlich Wasserstoff und Helium, so konnten später aus den neu gebildeten Elementen komplexere Strukturen von Gesteinsplaneten bis hin zu Lebewesen entstehen. Und wann war es so weit? Wann begann die Entwicklung des Lebens im Universum?

Mindestens einige 1000 °C, manche sogar einige 10 000 °C. Und warum sind sie so heiß? Weil in ihrem Innersten das sogenannte Sternenfeuer brennt. Aber was ist dieses Sternenfeuer eigentlich? Dazu schauen wir einfach einmal ins Zentrum eines neu entstandenen Sterns. Hier ist es bereits jetzt recht heiß und dicht. So heiß, dass die unzähligen Atome in ihre »groben Bestandteile« zerlegt sind. In überwältigender Mehrzahl sind es Wasserstoffatome. Die Kerne dieser einfachsten aller Elemente verschmelzen im Sterninnern zu größeren Atomkernen – und dabei wird Energie frei. Diese Energie heizt den Stern noch viel mehr auf und bringt ihn zum Leuchten. Im späteren Verlauf des Sternlebens werden auch noch viele der größeren Atomkerne zu noch größeren Atomkernen verschmolzen. Auf diese Weise entstehen die Atomkerne all der anderen Elemente.

Musste das wirklich sein?!
Wozu all diese Physik? Oder ist es Chemie? – Wir wollten doch etwas über unseren Ursprung herausfinden!

Das haben wir nebenbei auch …

Erinnerst du dich noch daran, dass über 60 % aller Atome in deinem Körper Wasserstoffatome sind? Dies ist auch das Ausgangsmaterial, aus welchem die Gaswolken bestehen. Der Stoff aus welchem sich Sterne und Planeten bilden. Zu über 60 % bestehst du also aus … Rohmaterial für Sterne. Der ganze Rest – Sauerstoff, Kohlenstoff und all die anderen Elemente, die du heute gefrühstückt hast – stammt aus dem Innern längst vergangener Sterne. Dort wurden diese Kerne ja zusammengeschmolzen. Und später, als diese Sterne ihre Hüllen weggeblasen haben oder gar explodiert sind, sind neben den

Sternexplosionen – Supernovae

Die massereichsten Sterne explodieren am Ende ihres »Lebens«. Vorher un-
scheinbare Sternchen können hierbei so hell wie eine ganze Galaxie erscheinen.
Im Jahre 1006 konnte man einen solchen »neuen Stern« sogar über Monate hin-
weg am Tageshimmel sehen.
Links ist ein solches Ereignis (Supernova 1987A) in der Großen Magellanschen
Wolke, einer Zwerggalaxie (nur ca. 15 Milliarden Sterne) in der Nachbarschaft der

Unmengen nicht verbrauchten Wasserstoffs auch all die neuen Elemente in den Weltraum geblasen worden, haben neue Wolken gebildet und hieraus neue Sterne – die jetzt schon zu einem winzigen Teil diese neuen Elemente in sich tragen.

Unsere Sonne ist ein solcher Stern, der sich aus den Überbleibseln seiner Vorgänger gebildet hat. Unsere Erde hat sich aus der Gas-Staub-Scheibe um die junge Sonne bilden können, weil eben nicht nur Wasserstoff, sondern auch viele andere Elemente dort bereits vertreten waren. Elemente, aus denen jetzt Gesteine – ja, ganze Kontinente und eigentlich der ganze Planetenkörper bestehen. Und Elemente wie Sauerstoff, Kohlenstoff und einige weitere, aus denen es die Natur über den Trick mit den genetischen Bauplänen geschafft hat, im Laufe von Jahrmilliarden hochkomplexe Strukturen zu bauen. Lebewesen. Uns. Dich.

Ein Teil der Frage nach deiner Herkunft ist damit beantwortet. Gemessen an der Zahl der Atome besteht knapp 40 % unseres Körpers aus Sternenstaub, der über unglaubliche Umwege jetzt in uns gelandet ist. Sternenstaub, der selbst herausgefunden hat, dass er Sternenstaub ist! Und dieses Buch liest.

Milchstraße (Entfernung: 170 000 Lichtjahre), zu sehen. Rechts ist der gleiche Ausschnitt vor der Explosion zu sehen.
Interessant hierbei: Elemente, die schwerer als Eisen sind, entstehen in diesem kosmischen Feuerwerk. Und davon gibt es viele, beispielsweise Kupfer, Silber, Platin und Gold. Auch die besonders schweren Atome, deren Kerne nicht stabil sind und im Laufe der Zeit radioaktiv zerfallen, entstehen hier. Die sicherlich bekanntesten Vertreter sind Uran und Plutonium.

Aber die Mehrzahl aller Atome in uns sind und bleiben Wasserstoffatome. Die einfachsten Atome überhaupt. Diejenigen, dank derer wir die Sterne die längste Zeit ihres Lebens am Himmel leuchten sehen. Atome, die schon da sein mussten, um überhaupt die erste Generation von Sternen aus den ersten Gaswolken zu bilden. Materie, aus der erst im Laufe der Zeit unsere Milchstraße und überhaupt alle Galaxien – ebenfalls riesige Sterneninseln – entstanden.

Unsere nächste Frage ist somit klar:

»7. Woher stammt der Wasserstoff?«

Back to the roots

Wir begeben uns nun also auf die Suche nach dem Ursprung der ursprünglichen Materie – dem Element Wasserstoff. Wenn du jetzt der Meinung bist, dass wir auf unserer Spurensuche langsam arg weit von deiner Lebenswelt abdriften, ist das nur mehr als verständlich. Immerhin – als es um die Frage nach der Herkunft der Erde und der Sterne ging, haben wir die Antworten in Sternschnuppen und dunklen Flecken im Band der Milchstraße gefunden. Beides waren zwar keine alltäglichen Dinge, aber du kannst sie am Himmel mit bloßen Augen entdecken. Auch wenn wir nicht dabei waren, als das Sonnensystem entstand, können wir dies andernorts im All noch heutzutage mit Teleskopen beobachten. Aber jetzt müssen wir auf unserer Suche in eine Zeit zurückkreisen, in der es zwar das Baumaterial, den Wasserstoff, gab, aber die ersten Sterne noch gar nicht existierten!

Kurz gesagt: Wenn dir das Ganze jetzt zu fremdartig erscheint, blättere einfach zum nächsten Kapitel weiter. Aber bedenke eines: Du wirst dann nicht erfahren, woher mehr als die Hälfte der Atome in deinem Körper stammt …

Zeitmaschine

Falls du weiter dabei bist, hier noch einmal das Problem: Wie erfährt man etwas aus der Zeit, als es weder die Erde, noch die Sonne, noch sonst irgendetwas von den Dingen gab, die wir heute in der Welt sehen? Außer dem Rohmaterial Wasserstoff natürlich und zugegebenermaßen etwas Helium, was uns momentan aber nicht weiter interessieren muss. Geht das überhaupt, oder sind jetzt Spekulationen Tür und Tor geöffnet? Vielleicht gab es eine solche Zeit ja gar nicht und Sterne, wenn auch immer wieder neue, gab es immer schon. Oder?

Zuerst einmal: Wir können tatsächlich in die Urzeit des Universums, unserer Welt zurückkreisen. Zwar nicht mit einer Zeitmaschine, aber mittels einer fast genauso praktischen Eigenschaft der Natur.

Fangen wir hierzu am besten wieder einmal mit einer Frage an: Woher erfahren wir denn, was im Universum los ist? Ganz einfach: Wir schauen es uns an. Alles, was in irgendeiner Weise leuchtet oder angeschienen wird, können wir sehen. Das Licht der kosmischen Objekte zeigt sie uns. Und jetzt machen wir uns eine besondere Eigenschaft des Lichts zunutze, welche in deinem Alltag, zumindest auf den ersten Blick, völlig unwichtig ist. Licht ist zwar sehr schnell, aber es braucht eine gewisse Zeit, um von einem Ort zum anderen zu laufen. Und es hat immer dieselbe Geschwindigkeit im Weltraum: ca. 1 Milliarde km/h.

Schon beim Kurzbesuch im Sonnensystem vor wenigen Abschnitten haben wir gesehen, dass die Entfernungen hier typischerweise zwischen Lichtsekunden (Erde–Mond) und einigen Lichtstunden (Entfernungen zwischen den Planeten) liegen. Unsere Nachbarsterne sind wenige Lichtjahre von uns entfernt. Und in unserer Milchstraße verteilen sich die Sterne über ein Gebiet von etwa 100 000 Lichtjahren. Wenn wir die Sonne se-

Unsere Heimatgalaxie – Von außen gesehen

Könnten wir unsere Heimatgalaxie von außen ansehen, würde sich uns dieser Anblick bieten. Die Milchstraße ist eine Galaxie mit zwei prominenten Spiralarmen und einer hohen Dichte von Sternen in Form eines Balkens im inneren Bereich. Die Sonne als einer der einigen hundert Milliarden Sterne befindet sich etwa 26 000 Lichtjahre vom Zentrum entfernt.

Nebenbei bemerkt: Bereits in der ersten Hälfte des 20. Jahrhunderts wurde in der Milchstraße ein bisher noch ungeklärtes Phänomen entdeckt, welches später beispielsweise auch in anderen Galaxien gefunden wurde und sich als grundlegend für die Entwicklung des Universums entpuppt hat. Hierzu hat man sich die Bewegung der Sterne angesehen. Während im Sonnensystem die zwischen der Sonne und den Planeten wirkende Schwerkraft letztere auf ihrer Bahn hält, ist es die Schwerkraft aller Sterne gemeinsam, welche die Bewegung der Sterne in unserer Galaxie bestimmt. Misst man die Geschwindigkeit der Sterne am Rande unserer Galaxie stellt man fest, dass diese sich so schnell bewegen, dass sie allein durch die Schwerkraft der anderen Sterne in der Galaxie nicht auf ihrer Bahn gehalten werden könnten. Eine mögliche Erklärung bietet die sogenannte Dunkle Materie, deren gesamte Masse in der Milchstraße hierfür aber etwa fünf bis sechs Mal größer sein müsste, als die der »normalen« Materie, aus welcher die Sterne und die interstellaren Gas- und Staubwolken bestehen. Der Nachweis der Existenz dieser Materie und damit der Beweis, dass dies die richtige Erklärung für die seltsame Bewegung der Sterne ist, steht allerdings noch aus.

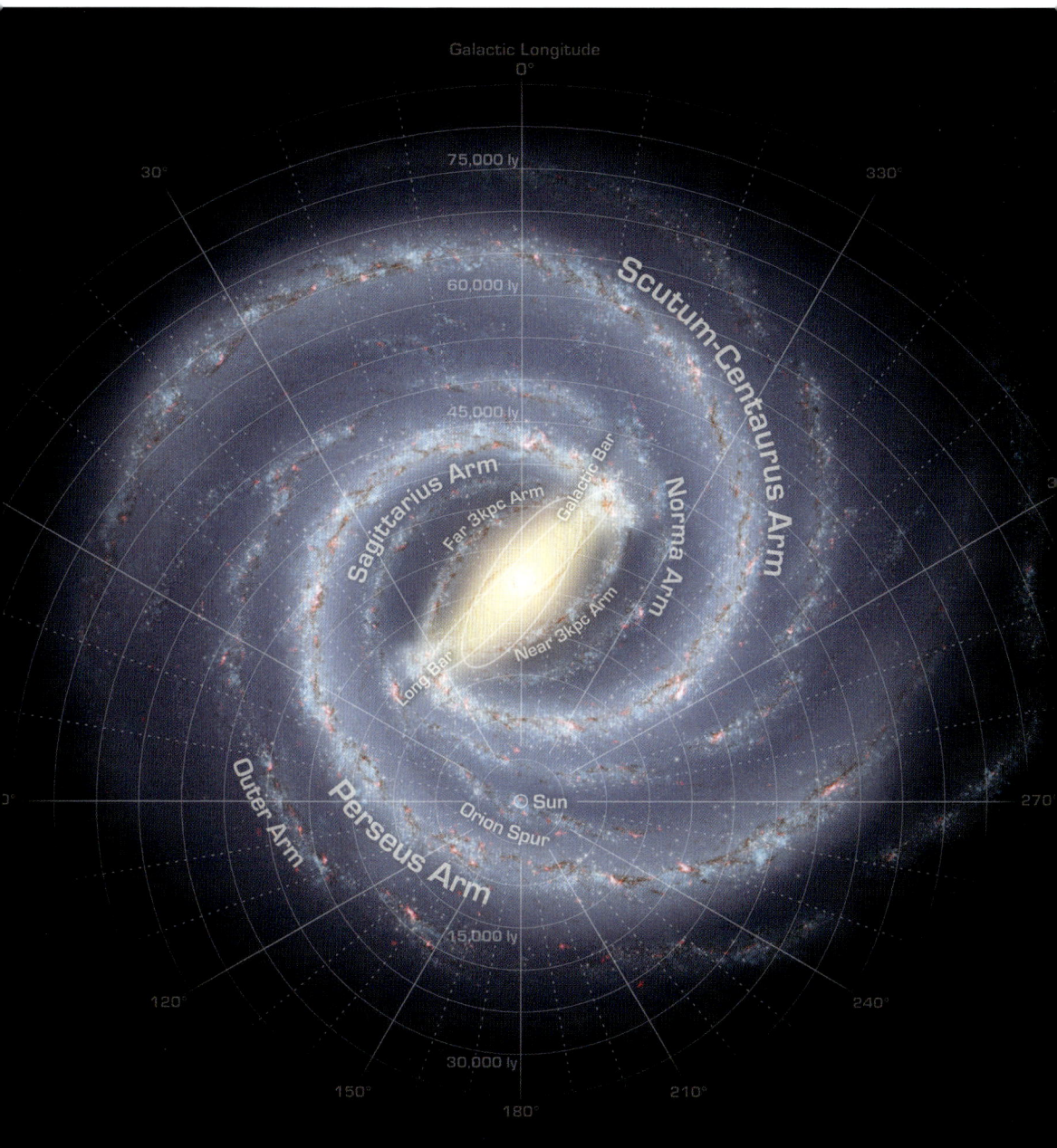

Galactic Longitude
0°

30°   330°

75,000 ly

60,000 ly   Scutum-Centaurus Arm

45,000 ly

Sagittarius Arm

Far 3kpc Arm   Galactic Bar   Norma Arm

Long Bar   Near 3kpc Arm

Sun

Orion Spur

Outer Arm   Perseus Arm

15,000 ly

120°   240°

30,000 ly

150°   210°

180°

270°

hen, dann so, wie sie vor ca. 8 Minuten aussah. Wenn wir einen Stern in 10 000 Lichtjahren Entfernung sehen, dann in seinem Zustand vor 10 000 Jahren, als sich sein Licht auf den Weg zu uns aufmachte. Wenn wir nur weit genug ins Weltall schauen, können wir also herausfinden, ob das Universum einst anders aussah. Oder zumindest auf irgendeine Weise anders war.

Sicherlich reicht es hierfür nicht, in unserer Milchstraße zu bleiben. Ein Blick 100 000 Jahre zurück, quer durch unsere Galaxie, wird uns nicht viel zu bieten haben. Das Sonnensystem ist ja

Olberssches Paradoxon

Schon lange bevor man in der ersten Hälfte des 20. Jahrhunderts beginnen konnte, sich mit genügend großen Teleskopen die Geschichte des Universums anzusehen, war klar, dass an der Vorstellung eines unendlich großen, seit unendlichen Zeiten existierenden Universums, dass mehr oder weniger gleichmäßig mit Sternen gefüllt ist, etwas falsch sein musste. Denn wäre diese Vorstellung richtig, so müssten an jedem Punkt des Himmels Sterne stehen. Ganz so, wie unser Blick in einem Wald stets auf Baumstämme trifft, selbst wenn diese zum Teil sehr weit von uns entfernt sind. Ein Blick ins »Freie« wäre uns am Nachthimmel genauso wenig möglich. Wir müssten dann anstelle eines dunklen Nachthimmels jeden Punkt des Himmels genauso gleißend hell strahlen sehen wie unsere Sonne am Tageshimmel. Dieses Gedankenexperiment hat bereits der Bremer Arzt Heinrich Wilhelm Olbers im Jahre 1823 formuliert, das nach ihm als »Olberssches Paradoxon« benannt wurde.

Heute wissen wir, dass das Universum in der Art wie wir es kennen erst seit endlich langer Zeit existiert. Folglich konnte uns bisher auch nur Strahlung aus einem begrenzten Bereich – dem sogenannten beobachtbaren Universum – erreichen und die Zahl der Sterne in diesem Bereich des Universums ist endlich. Die Antwort auf die Frage, ob das Universum tatsächlich unendlich groß ist, steht allerdings noch aus. Falls nicht, müssten wir uns aber trotzdem keine Gedanken darüber machen, was »dahinter« ist. Der Weltraum könnte einfach in sich geschlossen sein, sodass es zwar keine Grenze gibt, sein Rauminhalt aber begrenzt, also endlich, wäre.

Veranschaulichung des Olbersschen Paradoxons: Mitten in einem Wald gibt es in horizontaler Richtung keinen freien Blick nach draußen. Würde das Universum seit unendlicher langer Zeit existieren und wäre es gleichmäßig mit Sternen gefüllt, so sollte unser Nachthimmel ebenfalls kein leere und damit dunkle Stelle zeigen.

Gemälde von Caspar David Friedrich (1774–1840): »Wald im Spätherbst«.

selbst mit über 4 Milliarden Jahren bereits gut 40 000 Mal älter. Also müssen wir mindestens so weit zurückschauen. Und dann gab es ja noch Sterngenerationen vor der Geburt der Sonne. Sonst gäbe es ja nicht genügend von solchen Elementen wie Sauerstoff, Kohlenstoff, … ohne die es weder unseren Planeten, noch dich geben könnte. Wir sollten also auf jeden Fall versuchen, deutlich über 4 Milliarden Jahre weit in Raum und Zeit zurückzublicken.

Offenbar waren aber derart empfindliche Augen, wie wir sie jetzt bräuchten, für das Überleben der Menschheit – zumindest bisher – nicht wichtig gewesen. Sonst hätte die Natur bei der Entwicklung des Lebens sicherlich auch diese hervorgebracht. In Kombination mit unserem Gehirn klappt es mit der kosmischen Zeitreise letztendlich aber doch. Wir bauen uns Teleskope mit riesigen lichtsammelnden Spiegeln und schauen damit ins All. Und was wir außerhalb der Milchstraße finden, erscheint zum Teil vertraut, zum Teil verstörend.

Mit großen Augen ins All schauen

Mit Teleskopen lässt sich nicht nur viel Licht einfangen und dadurch viel lichtschwächere Objekte und kosmische Phänomene beobachten als mit unseren Augen, deren Pupillendurchmesser nur wenige Millimeter beträgt. Teleskope ermöglichen es ebenfalls, feinere Details zu erkennen als dies mit unseren Augen möglich ist.

Erst die Großteleskope des 20. Jahrhunderts auf der Erde und im Weltraum haben uns entscheidende Einblicke in unsere »kosmische Vergangenheit« ermöglicht. Gleichzeitig haben sie neue fundamentale Fragen zur Natur des Universums aufgeworfen, für welche eine neue Generation von Teleskopen entwickelt wurde. Ob es das Leben im All, das junge Universum, die dunkle Materie oder die dunkle Energie betrifft – es wird erwartet, dass unter anderem die folgenden drei Observatorien in absehbarer Zeit grundlegende Antworten hierzu liefern werden:

Das seit 2011 im Betrieb befindliche Atacama Large Millimeter/submillimeter Array (ALMA) in der Chilenischen Atacama-Wüste ist das modernste Observatorium, mit dem das »kalte Universum« beobachtet werden kann – kosmische Objekte und Phänomene, die nicht heiß genug sind, um im sichtbaren Wellenlängenbereich hell genug zu strahlen, stattdessen aber über ihre Wärmestrahlung mit Radioantennen aufgespürt und untersucht werden können. Hierzu gehören zum Beispiel die dichten interstellaren Wolken, in welchen man mit ALMA die Entstehung neuer Sterne und ihrer Planetensysteme beobachten kann. So wurde das Bild des jungen Sterns HL Tauri (Abbildung Seite 49), der noch von einer riesigen Scheibe aus Gas und Staub umgeben ist, mit ALMA gewonnen.

Mitte der 2020er-Jahre wird das sich derzeit im Bau befindliche Extremely Large Telescope in Betrieb gehen (Durchmesser des lichtsammelnden Hauptspiegels: 39 Metern). Unter anderem wird man hiermit sowohl Fragen zu Leben auf Exoplaneten als auch zur frühen Entwicklung des Universums nachgehen.

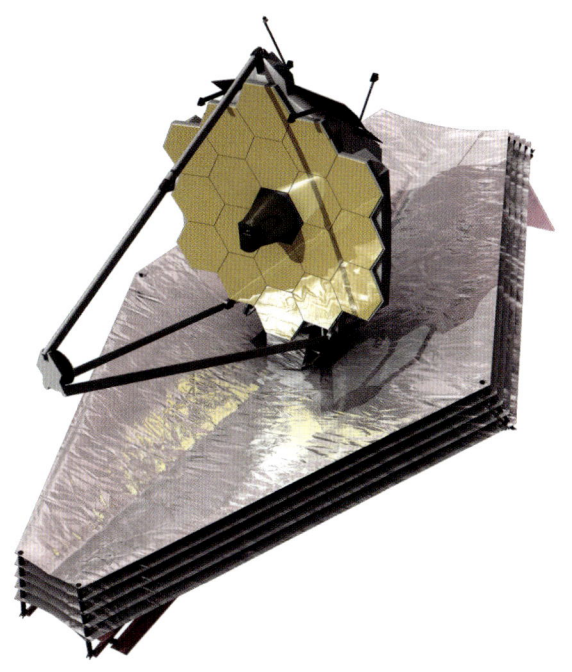

In den 2020er-Jahren soll ebenfalls das James Webb Space Telescope (JWST) vom Weltraum aus zur Verfügung stehen. Welchen riesigen Vorteil es bietet, ohne die störenden Einflüsse der Erdatmosphäre den Weltraum untersuchen zu können, hat das Hubble-Weltraumteleskop mit faszinierenden Entdeckungen fast drei Jahrzehnte lang bewiesen.

Seltsames Universum

Erst einmal das Vertraute: Andere Sterneninseln – Galaxien – mit Milliarden bis hunderten Milliarden von Sternen. Die uns nächsten finden sich im Umkreis von einigen Millionen Lichtjahren. Unsere Milchstraße ist also schon mal nicht allein. Andererseits erscheinen damit die Erde und unser »persönlicher Stern«, die Sonne, noch unscheinbarer in der schier endlosen Zahl von Sternen und – ihren potenziellen – Planeten.

Und jetzt das Verstörende. Bis auf wenige Ausnahmen einiger Nachbarn bewegen sich alle Galaxien von uns weg. Und je weiter die Galaxien entfernt sind, desto schneller rasen sie davon. Man könnte zwar anfangen Witze darüber zu machen, dass kei-

In der Tiefe des Raums

Mit der Beobachtung von Galaxien begann die moderne Kosmologie, die Wissenschaft vom Ursprung und der Entwicklung des Universums. Voraussetzung waren genügend große Teleskope, mit denen ab der ersten Hälfte des 20. Jahrhunderts diese Sterneninseln und damit die Struktur und Dynamik des Universums systematisch untersucht werden konnten. So wurde aus der beobachteten Fluchtbewegung der Galaxien auf die Expansion des Universums geschlossen. Die Abbildungen links zeigen zwei individuelle Galaxien in unserer Nachbarschaft (oben: Sombrerogalaxie, unten: NGC 1398: Lichtlaufzeit: ca. 50 bzw. 65 Millionen Jahre).

Wenn man sich die Verteilung der Galaxien im Raum ansieht, erkennt man, dass diese in Form von Haufen angeordnet sind, welche Filamente (fadenförmige Strukturen) um riesige, nahezu galaxienfreie Hohlräume bilden. Oben ist ein solcher Galaxienhaufen gezeigt (Bezeichnung: Abell 3827; Lichtlaufzeit: ca. 1,4 Milliarden Jahre).

Size of Hubble eXtreme Deep Field on the Sky

Moon to scale

XDF

Digitized Sky Survey (ground-based image) for comparison

1°

Durchs Schlüsselloch in eine ferne Vergangenheit

Man nehme sich einen Sternenatlas, suche darauf einen Ausschnitt möglichst ohne Sterne und mache dann ein langzeit-belichtetes Bild eben genau dieses Ausschnittes. Was erhält man dann? Einen tiefen Blick in die Vergangenheit unseres Universums.

Und genau das hat man gemacht. Für die bisher längste Aufnahme hat man mit dem Hubble-Weltraumteleskop das Licht aus einem winzigen, auf den ersten Blick leeren Himmelsausschnitt über 2 Millionen Sekunden (ca. 23 Tage) lang eingefangen. Das

Bild auf der linken Seite zeigt die Größe dieses Himmelsausschnittes im Vergleich zum Vollmond. Im Bild oben ist der Blick durch dieses »kosmische Schlüsselloch« dargestellt. Anstelle eines schwarzen Bildes erkennt man hier etwa 5500 Galaxien. Das Licht der entferntesten Galaxien auf diesem Bild war etwa 13,2 Milliarden Jahre lang zu uns unterwegs. Mit derartig tiefen Einblicken in unser Universum kann man nicht nur nachsehen, seit wann es tatsächlich erste Sterne und Galaxien gibt, sondern lernt von den Eigenschaften der Galaxien entlang des Sichtstrahles unter anderem auch, mit welcher Rate sich im Laufe der Weltgeschichte neue Sterne gebildet haben.

ner mit uns spielen möchte, aber im Ernst: Es sieht so aus, als wären wir etwas Besonderes. Oder zumindest an einem besonderen Ort. Die Milchstraße – im Zentrum des Weltalls!

Kann man einfach nicht glauben.
Sollte man auch nicht.
Ist nämlich Quatsch.

Die wirkliche Erklärung für das Verhalten der anderen Galaxien erscheint allerdings noch abgedrehter: Das Universum wird größer. Aber nicht am »Rand«, einen solchen gibt es nicht. Denn was sollte »dahinter« sein, wenn das Universum ja bereits *alles* ist? Stattdessen wächst es an jeder Stelle. Langsam. Aber auf den riesigen Entfernungen zu den anderen Galaxien kommt dann eben doch ständig so viel Raum hinzu, dass es so aussieht, als würden sie vor uns fliehen. Selbst dann, wenn sie im Raum wie festgenagelt wären. Beamen wir uns gedanklich in irgendeine andere Galaxie. Dann würden wir dort das Gleiche beobachten können – auch von dort aus würden sich die anderen Galaxien auf die gleiche Weise von ihr wegbewegen.

Um zwei Dinge klarzustellen:

Erstens: Das Universum dehnt sich nicht *in* irgendetwas hinein aus. Es vergrößert *sich*. Punkt. Es ist am ehesten mit der Oberfläche eines Luftballons zu vergleichen, die sich auch vergrößert, wenn man ihn aufbläst. Malt man zu Beginn einige kleine Galaxien darauf, so entfernen sich diese beim Aufblasen voneinander, ohne dass sich ihre Position auf dem Luftballon verändert hat. Auch nimmt der Abstand zwischen voneinander weit entfernten Galaxien auf dem Luftballon beim Aufblasen schneller zu als zwischen nah beieinanderstehenden.

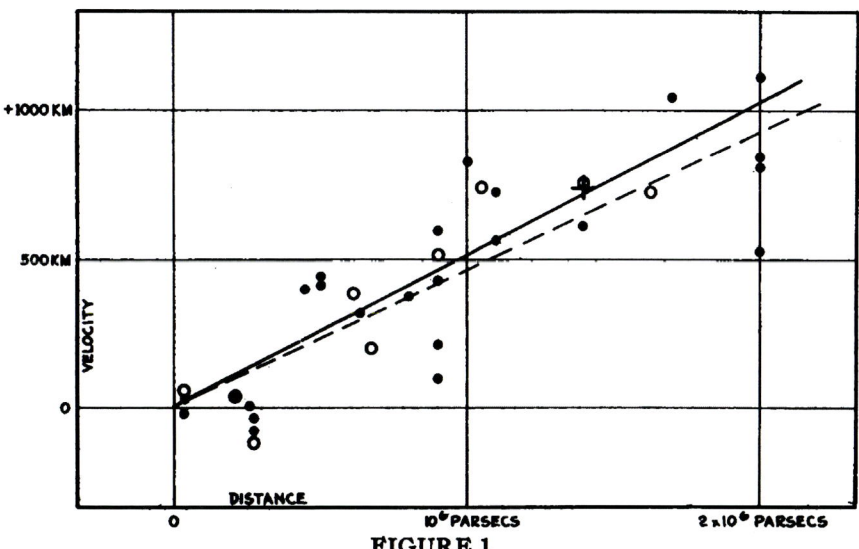

FIGURE 1

Velocity-Distance Relation among Extra-Galactic Nebulae.

Fliehende Galaxien

Mit diesem unscheinbaren Diagramm, veröffentlicht im Jahre 1929 von Edwin Hubble*, begann sich das moderne Bild der Geschichte des Universums zu entwickeln. Die horizontale Achse zeigt die Entfernung, die vertikale Achse die Geschwindigkeit einzelner als Punkte eingezeichneter Galaxien an. Wir, die Beobachter, befinden uns im Nullpunkt und sehen, dass die Geschwindigkeit mit zunehmendem Abstand der Galaxien anwächst und von uns weg gerichtet ist. Diese Fluchtgeschwindigkeit ist eine Folge des immer größer werdenden Raumes zwischen den Galaxien – das Universum expandiert. Hinzu kommt noch die Bewegung der Galaxien im Raum selbst. Daher ergibt sich die Streuung der Punkte im Diagramm.

Durch immer genauere Vermessung der Abstände und Geschwindigkeiten von immer weiter entfernten Galaxien konnte inzwischen gezeigt werden, dass die Expansion des Universums im Laufe der Zeit sogar zunimmt. Als Ursache hierfür wurde die »Dunkle Energie« eingeführt, deren physikalische Natur allerdings noch nicht verstanden ist.

* Hubble, E.: *Proceedings of the National Academy of Sciences of the United States of America*, Volume 15, Issue 3, 1929, S. 168-173

Zweitens: Wirst du dicker, kannst du dies nicht einfach auf das sich ausdehnende Weltall schieben. Hast du dich vielleicht einmal gefragt, warum sich dein Körper nicht einfach in seine Atome auflöst? Die Kräfte, die zwischen deinen Atomen wirken sind zwar winzig, halten dich aber zusammen und sind auch bei weitem stark genug, um der Ausdehnung des Weltalls zu trotzen. Selbst die Sterne einer Galaxie halten einander auf ihren Bahnen. Nur zwischen den einzelnen Galaxien – da wächst der Raum. Und zwar von Stunde zu Stunde schneller.

Gravitationslinsen

Nicht nur seine stetige Expansion ist eine befremdliche Eigenschaft des (Welt-) Raumes. Eingebettete Massen können ihn auch krümmen. In dem hier gezeigten Beispiel sorgt der massereiche, kompakte Galaxienhaufen Abell 2218 mit diesem Effekt dafür, dass das Licht von weit hinter ihm stehenden Galaxien fokussiert wird und als lange Bogen um ihn herum zu sehen ist.

Expansion des Universums nur im Großen – Zwischen den Galaxien

In Woody Allen's Oscar-prämierten Kinofilm »Der Stadtneurotiker« (Originaltitel: »Annie Hall«, 1977) kommt der Junge Alvy mit seiner Mutter zum Psychiater Dr. Flicker:

Mrs. Singer:	He's been depressed. All of a sudden he can't do anything.
Dr. Flicker:	Why are you depressed, Alvy?
Mrs. Singer:	Tell Dr. Flicker! It's something he read.
Dr. Flicker:	Something you read, hm?
Alvy Singer:	**The universe is expanding.**
Dr. Flicker:	The universe is expanding?
Alvy Singer:	Well, the universe is everything, and if it's expanding, someday it will break apart, and that will be the end of everything.
Mrs. Singer:	What is that your business? He's stopped doing his homework.
Alvy Singer:	What's the point?
Mrs. Singer:	What has the universe got to do with it. You're here, in Brooklyn. **Brooklyn is not expanding!**

Und das stimmt so, denn die Expansion des Universums vergrößert tatsächlich nur den Raum zwischen den Galaxien. Die Kräfte, welche einzelne Galaxien und darin die Sterne, Planeten und noch kleinere Gebilde zusammenhalten, sind einfach stärker als dass diese von der Expansion des Universums auseinandergezogen werden könnten. Erst auf viel größeren Skalen – zwischen den Galaxien – dominiert die Expansion des Universums.

Jetzt kurz um die Ecke gedacht: Wenn das Weltall beständig wächst, wird es morgen größer sein als heute. Vor allen Dingen aber war es gestern kleiner als heute. Und vorgestern noch kleiner. Und irgendwann in ferner Vergangenheit muss es so wenig Platz gegeben haben, dass alle Materie dicht zusammengedrückt war. Kein freier Platz mehr. Und dann drehen wir die Uhr noch weiter zurück. Nun wird es nicht nur sehr dicht. Es wird vor allen Dingen auch sehr heiß! Zuerst einmal so heiß, dass sich alle Atome in ihre Bestandteile auflösen.

Und je heißer etwas ist, desto mehr Energie hat die Strahlung, die es aussendet. Man denke nur an die UV-Strahlung der Sonne, die uns bräunt. Das schafft eine normale Glühbirne ja nicht. Wenn wir nur weit genug in der Zeit zurückgehen, finden wir uns in einem jungen Universum wieder, dass so extrem heiß ist, dass aus seinem Licht, aus seiner Strahlung, Materie entstehen kann. Materie aus Licht. Science-Fiction? Nein. Das schafft man inzwischen auch im Labor. Übrigens, die »Zauberformel« hierfür lautet $E = mc^2$.

An dieser Stelle legen wir einen kurzen Zwischenstopp ein. Wir müssen jetzt erst einmal kurz zusammenfassen: Durch Teleskope sehen wir, dass sich alle genügend weit entfernten Galaxien von uns entfernen. Daran gibt es nichts zu deuten. Aber glaubst du wirklich, dass es daran liegt, dass sich das Weltall aufbläht? Wir müssten diese ziemlich verrückte Erklärung ja

Materie aus Licht

Elektromagnetische Strahlung (Licht) lässt sich in reale Materie (Teilchen) umwandeln. Hierbei entsteht neben einem Teilchen aber auch stets noch das zugehörige Antiteilchen gleicher Masse. Die Energie E, welche man hierfür mindestens braucht, lässt sich mit Einsteins berühmter Gleichung $E = m\,c^2$ berechnen, wobei m die (Ruhe-)Masse des Teilchens und c die Lichtgeschwindigkeit sind. In einem Teilchen-Antiteilchen-Paar steckt also eine Energie von $E = 2\,m\,c^2$. Je nachdem, auf welche Weise die Umwandlung stattfindet, wird tatsächlich allerdings eine höhere Energie benötigt. Diese zusätzliche Energie der Strahlung wird in die Bewegungsenergie der beteiligten Teilchen umgewandelt.

Aber nicht nur die Erzeugung von Materie aus Licht ist spannend. Treffen ein Teilchen und Antiteilchen aufeinander, wandeln sie sich wieder in Strahlung um – sie »zerstrahlen«. Als sich in der Frühzeit des heißen Universums energiereiche Strahlung in Materie umwandelte, muss hierbei auch Antimaterie in gleichem Maße erzeugt worden sein. Aber: Wo ist sie?

zumindest irgendwie testen können. Vielleicht sind wir ja doch das Zentrum des Universums, der Nabel der »Welt« …

Den Test hat man gemacht. Dazu muss man lediglich mit genügend großen Radioantennen in den Himmel lauschen. Von überall her hört man dann ein gleichmäßiges, feines Rauschen. Dieses Rauschen ist das Licht, ist die Strahlung aus der Zeit, als das heiße Universum sich gerade soweit ausgedehnt hatte, dass es durchsichtig wurde. Alles was vorher war, kann man bestenfalls mit dem heißen, dichten Innern eines Sterns vergleichen – in diese, also beispielsweise in unsere Sonne, können wir ja auch nicht hineinsehen. Irgendwann aber war dieser heiße Nebel in dem sich immer weiter ausdehnenden Weltall so dünn geworden, dass wir seitdem hindurchschauen können. Dies passierte vor 13,8 Milliarden Jahren. Vorher sind in dem heißen Nebel unter anderem die Bausteine für die gesuchten Wasserstoffatome entstanden. Aus sehr, sehr energiereicher Strahlung. Als sich diese Bausteine zu Wasserstoffatomen verbanden, lichtete sich der Nebel.

Damit haben wir zwei Fliegen mit einer Klappe geschlagen. Die Erklärung mit dem sich aufblähenden Weltall stimmt offenbar. Und wann und wie die »Urmaterie« Wasserstoff entstanden ist, haben wir auch geklärt. Jetzt weißt du, dass diejenigen Atome, welche gut 60 % deines Körpers ausmachen, bereits fast 14 Milliarden Jahre alt sind. Gemessen am 100-m-Lauf des irdischen Lebens, den wir im ersten Kapitel kennengelernt haben, entstanden diese Atome also 273 Meter vor der Startlinie – in einer Zeit, bevor es Sterne im Universum gab. In einer Zeit, als man sich im Universum wahrscheinlich in etwa so fühlen musste, wie heutzutage in der brodelnden Atmosphäre der Sonne.

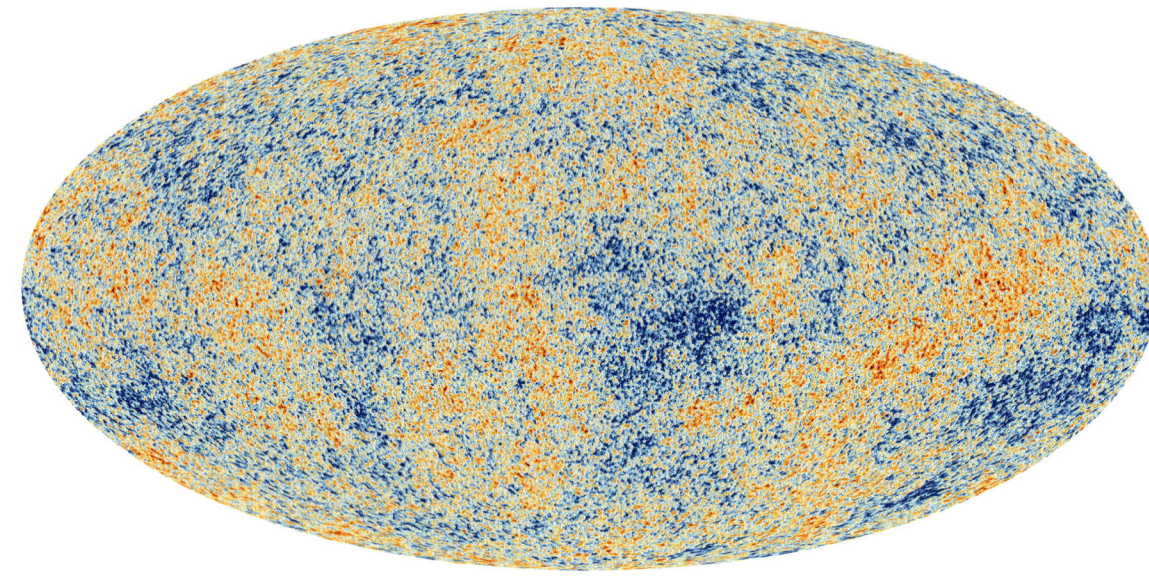

Das Leuchten vom Rand der Welt

Die kosmische Hintergrundstrahlung zeigt uns das »jüngste Gesicht« des Universums. Man sieht hier eine Gesamthimmelsaufnahme dieser Strahlung. Sterne, Planeten, Galaxien gab es zu der Zeit, aus welcher diese Strahlung stammt, noch nicht. Nur ein heißes Gas, fast ausschließlich aus den leichtesten Elementen – Wasserstoff und Helium – bestehend. Ein sehr dichtes Gas, das uns den Blick in die noch frühere Vergangenheit des Universums versperrt.

Wenn es aber so heiß war, nämlich knapp 3000 °C, sollten wir dieses heiße Gas am gesamten Nachthimmel wie eine Flamme doch rötlich-orange leuchten sehen, oder? Nein, denn während das Licht, welches vor knapp 14 Milliarden Jahren ausgesandt wurde, durch den Raum lief, dehnte sich der Raum immer weiter aus. Licht hat nun aber Eigenschaften einer Welle. Und während die Lichtwellen durch das expandierende Universum liefen, wurden sie gestreckt. Heutzutage sind sie etwa 1000 Mal länger als zu Beginn. Und können nun nicht mehr mit unseren Augen, stattdessen aber mit Radioteleskopen beobachtet werden. Man kann auch sagen, dass die Strahlung nun eine andere Temperatur hat, nämlich nur noch 2,7 °C über dem absoluten Nullpunkt (oder 2,7 Kelvin). Man spricht daher auch von der »3-Kelvin-Hintergrundstrahlung«.

Das »Gesicht des jungen Universums« ist recht fleckig. Und vielleicht erscheint dir das Bild recht langweilig – im Gegensatz zu Galaxien oder Planeten, welche sich erst später aus dem dann abgekühlten Gas bildeten. Aber: Die Flecken zeigen uns, dass bereits im jungen Universum zwei uns alltäglich erscheinende, grundsätzliche Eigenschaften des Universums angelegt waren. Zum einen, dass schon damals nicht alles ein gleichmäßiges Gemisch von Materie war, sondern es Ungleichmäßigkeiten gab. Und diese haben sich im Laufe der Geschichte des Universums extrem verstärkt: Jetzt leben wir in einem Universum mit sternreichen Galaxien, eingebettet in einen fast leeren Raum, der sie Millionen von Lichtjahren voneinander trennt. Zum anderen zeigt uns der Vergleich dieses fleckigen Bildes mit dem heutigen Universum, dass Materie immer komplexere Strukturen annahm und annimmt. Beispielsweise dich.

Saat des Lebens

Unser Sonnensystem ist 4,6 Milliarden Jahre alt. Das Universum aber, wie wir es kennen, ist mit 13,8 Milliarden Jahren dreimal so alt. Man geht davon aus, dass bereits vor 11 bis 12 Milliarden Jahren in den ersten Sterngenerationen genügend viele von den Elementen erzeugt worden waren, wie sie für irdisches Leben benötigt werden. Falls das Leben auf der Erde entstanden ist, gibt es keinen Grund anzunehmen, dass es nicht auch anderswo, auf den unzähligen Planeten allein in der Milchstraße passiert ist – nur eben bis zu 7 Milliarden Jahre früher als auf der Erde.

Damit drängt sich uns eine – bisher noch unbeantwortete – Frage auf:

Sollte es heutzutage nicht von Hinweisen auf Leben im All nur so wimmeln? Ist Leben – entgegen der Indizien – doch ein sehr seltenes Phänomen? Und wenn ja – warum? Oder ist mögliches Leben anderswo vor allem von so einfacher Natur, dass wir es erst in einigen Jahren mit noch besseren Teleskopen werden finden können?

Aus anderer Perspektive betrachtet: Hinweise auf einfache Formen von Leben auf unserem Planeten sind knapp 4 Milliarden Jahren alt. Aber – ist das Leben überhaupt auf der Erde entstanden? Oder stammt die Saat des Lebens, die ersten, einfachen Baupläne, von einem anderen Himmelskörper, aus früheren Zeiten des Universums?

Ein heißer Vorhang

Sind wir jetzt am Ursprung von allem angekommen?

Nicht ganz. Ein Puzzleteil fehlt uns noch. Und vielleicht magst du gleich einwenden, dass dies doch das Wichtigste von allen sei. Denn – und dies ist unsere abschließende Frage:

»8. Woher stammt eigentlich die Strahlung, stammt ihre Energie, aus welcher sich die Materie bilden konnte?«

Materie, die dann nicht ein immer dünner werdender Nebel blieb, sondern, den Regeln der Natur folgend, im Laufe der Zeit unzählige Galaxien mit unzähligen Sternen und wahrscheinlich noch mehr Planeten bildete. Die Komplexität von Lebewesen annahm. Du geboren wurdest und all dieses siehst und dir Gedanken hierüber machen kannst.

Die Antwort: Wir wissen es – noch – nicht.

Aber warum denn nicht? Heißt es denn nicht, dass es einen Urknall gab, an dem Alles aus Nichts entstand? Oder stimmt das etwa gar nicht?

Schauen wir uns hierzu die Fakten an. Sicher ist, dass das Weltall vor 13,8 Milliarden Jahren einfach von heißem Gas erfüllt war. Wir sehen dieses heiße Gas mit Radioteleskopen. Und wir wissen auch, warum das Weltall kühler und leerer wurde, so dass sich später Galaxien mit Sternen und Planeten bilden konnten. Wir sehen dies an dem von Tag zu Tag größer werdenden Raum zwischen den Galaxien, was sich für uns so darstellt, als würden fast alle Galaxien von uns wegfliegen.

Dann ist doch eigentlich alles klar: Wir müssen jetzt nur ganz genau nachmessen, wie schnell sich das Weltall ausdehnt und dann einfach ausrechnen, wann alles, wirklich alles in einem Punkt zusammengepackt gewesen sein müsste. Zu diesem Zeitpunkt gab es offenbar den Urknall und alles entwickelte sich bis zum heutigen Tag. Erledigt.

Wirklich?

Nein.

Und warum nicht? Weil wir nicht beliebig weit ins Universum und damit in dessen Vergangenheit zurückschauen können. Sobald wir auf die heiße, dichte Schicht schauen, von der das Licht vor knapp 14 Milliarden Jahre aus losgelaufen ist, ist Schluss. Wir sehen nicht, was dahinterliegt. Natürlich ist davon auszugehen, dass es diese Schicht dort inzwischen nicht mehr gibt, weil sich der Weltraum ja überall und zu jeder Zeit ausdehnt. Und genauso ist anzunehmen, dass sich dort inzwischen auch genauso wie bei uns aus dem Gas Galaxien mit Sternen gebildet haben. Und man von dort aus genauso tief in alle Richtungen ins Weltall schauen kann wie von uns. Aber bevor wir dies sehen können, müssten wir eben 13,8 Milliarden Jahre warten. Und tatsächlich noch um einiges länger, da der Raum zwischen dort und uns beständig wächst und das Licht dann noch etwas mehr Zeit braucht, um bei uns anzukommen. Im Moment sehen wir diesen fernen Bereich des Weltalls noch so, wie er vor 13,8 Milliarden Jahren war. Heiß, dicht, undurchsichtig. Alles was dahinter liegt, könnte uns zeigen, wie das noch jüngere Universum beschaffen war – aber es ist unserem Blick verborgen.

Einen Hoffnungsschimmer gibt es aber: Vielleicht können uns die erst kürzlich entdeckten Gravitationswellen eines Tages einen Einblick geben. Sie zeigen uns Schwingungen des Raumes. Ganz schön verrückt, oder? Aber real. Wo das Licht nicht weiterkommt, können sie trotzdem hindurchlaufen. Aber bevor diese besonderen Wellen uns einen scharfen Blick in noch frühere Zeiten ermöglichen werden, ist es sicher noch ein weiter Weg.

Schwingender Raum

Massen wechselwirken untereinander über die von ihnen erzeugte Schwerkraft. Beschreiben lässt sich dies über ein Schwere- oder Gravitationsfeld, welches jede Masse besitzt. Alltägliche Erfahrung: Dinge fallen nach unten. Die Schwerkraft, welche von einer Masse ausgeübt wird, ist proportional zu dieser und nimmt quadratisch mit dem Abstand von ihr ab. Mit diesem Konzept lassen sich die Bahnen von Raumsonden und Planeten im Sonnensystem genauso berechnen wie der Kollaps interstellarer Wolken zu Sternen und die Entstehung von Galaxienhaufen im Großen.

Die Gravitationswirkung einer Masse lässt sich aber auch über die Krümmung des Raumes, in den sie eingebettet ist, beschreiben. Wird nun eine Masse beschleunigt, so hat dies Auswirkungen auf die Struktur des sie umgebenden Raumes: Die Masse sendet eine Welle in der Raumzeit aus. Dies lässt sich daran messen, dass der Raum, wenn ihn eine solche Welle durchläuft, gestaucht und gestreckt wird. Allerdings braucht man enorme Massen und Beschleunigungen, um dieses Phänomen tatsächlich detektieren und vermessen zu können. Der erste direkte Nachweis, der im Jahr 2016 erfolgte und ein Jahr später mit dem Nobelpreis belohnt wurde, basierte daher auch auf einem gewaltigen kosmischen Ereignis: Der Kollision zweier Schwarzer Löcher. Während uns herkömmliche Teleskope, welche elektromagnetische Wellen (= Licht, Wärmestrahlung, …) detektieren, nicht näher als 380 000 Jahre an dem gedachten Punkt »0« heranbringen, könnten Gravitationswellen auch diesen Schleier heben und uns dann die frühesten Momente der Entwicklung des Universums zeigen.

Am Rand der Welt – Am Beginn der Zeit?

»O.k.«, magst du sagen. Dann können wir zwar noch nicht hinter diesen heißen, dichten Vorhang schauen. Aber wir sehen doch, was vor 13,8 Milliarden Jahren schon da war, als das Universum gerade durchsichtig wurde. Und hieraus können wir sicherlich so manche Schlüsse darauf ziehen, was wohl davor gewesen sein müsste. Und vielleicht schaffen wir es damit, die Entwicklung der Welt bis zu ihrem Anfang zu berechnen.

Das wird natürlich gemacht. Man findet, dass wir dann 380 000 Jahre vor unserer jetzigen »Undurchsichtigkeits-Grenze« wirklich am Punkt Null angelangt wären. Das sind nur 0,00038 Milliarden Jahre. Ein winziger Schritt im Vergleich zu den knapp 13,8 Milliarden Jahren, die wir ja bereits zurücksehen können! Und man hat recht detaillierte Vorhersagen zur Entwicklung des Universums in diesem Zeitraum gemacht. Vielleicht bist du mit dieser Antwort zufrieden? Mit einem »Indizienbeweis«?

Wäre es aber nicht viel beruhigender, wenn wir nachsehen könnten, ob es wirklich so gewesen ist? Aber »einfach mal hinschauen« geht ja nun mal nicht. Leider ist dies aber nicht das einzige Problem …

Stell dir vor, du hättest dein ganzes bisheriges Leben auf einer tropischen Insel verbracht. Zu einer Zeit, als es noch keine Klimaanlagen, Kühlschränke und sonstige Annehmlichkeiten gab. Und von dem, was weiter weg auf der Welt vor sich geht, wüsstest du auch nicht allzu viel. Nehmen wir an, du wärst Fischer und würdest dich auf und am Wasser zuhause fühlen. Trotzdem hättest du keine Vorstellung davon, wie kalt und hart sich Wasser anfühlt, wenn es gefroren ist – weil du es noch nie gesehen und gefühlt hast. Wie würdest du ahnen können, dass Wasser sich auch zu zarten und unheimlich filigranen Schneeflocken verwandeln kann, von denen jede ihre individuelle Gestalt hat? Sicherlich könnte man heutzutage die Eigenschaften von flüssigem Wasser analysieren und daraus berechnen, dass dieses gefrieren kann und dann durchsichtig und sehr hart, aber auch sehr zerbrechlich ist. Aber würdest du dies glauben, wenn du es nicht überprüft hättest? Würden wir mit diesen Rechnungen Schneeflocken oder eine Winterlandschaft vorhersagen?

Nun, so ähnlich, nur viel schwieriger ist es, wenn man sich an den Punkt »Null« des Universums heranzurechnen versucht. Die ersten Schritte ins Ungewisse des dichten, heißen, frühen Weltalls sind sicherlich noch recht verlässlich. Man kann im Labor überprüfen, wie sich Materie verhält, wenn man sie dichter und heißer werden lässt. Wie sie mit der immer energiereicheren Strahlung wechselwirkt. Aber sobald die Bedingungen viel extremer werden, als wir dies auf der Erde oder an anderen Objekten im All nachvollziehen können, begeben wir uns auf immer dünner werdendes Eis. Hinzu kommt, dass es zunehmend schwierig wird, die Struktur des Raumes und den Verlauf der Zeit in diesem dann sehr seltsamen Universum zu beschreiben. Nicht nur unser »Alltagsverstand«, der uns zum Beispiel sagt, dass die Zeit überall und immer auf gleiche Weise verläuft, würde hier völlig danebenliegen. Auch sauber mathematisch formulierte Physik, mit der man auch noch so komplizierte, seltsame Eigenschaften der Natur beschreiben kann, tut sich hier zunehmend schwer. Und dann – allerspätestens 10^{-43} Sekunden vor dem Punkt »Null« hilft unser bisheriges Wissen über die Welt, wie wir sie kennen, dann gar nicht mehr weiter. Versagt komplett.

Aber, muss man sich über diese

$$0,0000000000\ 0000000000\ 0000000000\ 0000000000\ 001$$

Sekunden überhaupt Gedanken machen? Wenn wir doch sonst in Milliarden-Jahre-Schritten durch unsere Geschichte gelaufen sind?! Tatsächlich hört oder liest man doch oft, dass das Weltall und damit Raum und Zeit aus einem Punkt heraus entstanden seien. Also bei *exakt* »Null«.

Mag sein. Wissen wir aber nicht. Zero. Es ist reine Vermutung. Glaubenssache. Oder Wunschdenken – weil wir dann das Thema endlich sauber abgeschlossen hätten. Genauso vermuten andere Wissenschaftler, dass sich das Universum mal aufbläht, so wie wir dies heutzutage beobachten können, dann wieder in sich zusammenfällt, und immer so weiter. Solange dies nicht überprüft werden kann, sind all dies Hypothesen. Spekulationen. Man darf es glauben oder kann es sein lassen. Den Bereich gesicherten Wissens haben wir hier längst verlassen.

War das alles?

Wir sind zum Schluss so weit in unsere Vergangenheit eingetaucht, wie es uns heutzutage nur irgendwie möglich ist. Weiter geht die Reise nicht.

Aber: Ist die Reise in unsere Vergangenheit hier zu Ende? Haben wir *wirklich* alles angesprochen, was wir über unserer Herkunft in Kürze sagen können? Über die Welt, die dich hervorgebracht hat und in der du für eine Weile lebst? Du magst einwenden, dass wir so ungeheuer Vieles einfach ausgelassen haben. Und das stimmt. Wir sind mit riesigen Schritten durch den Ozean des Wissens gezogen und haben nur hier und da kurz den Anker geworfen, um gleich nach dem nächsten Ziel, der nächsten Frage Ausschau zu halten. Aber wir haben nichts ausgelassen, was uns auf eine andere Spur hätte führen können.

Tatsächlich können wir erst einmal nicht weiter in unsere Vergangenheit zurückgehen. Zumindest nicht, ohne uns in puren Fantasien und Spekulationen zu verlieren. Wir sind im letzten Kapitel in einer Epoche angekommen, in welcher der Verlauf

der Zeit im Universum sich wie in einem Nebel auflöst. Die Frage nach dem »davor« erübrigt sich damit. Das mag dir seltsam erscheinen. Du kannst es aber auch so sehen: Die Natur hat deinen Verstand einfach nicht dafür eingerichtet, Zeit als etwas anderes wahrzunehmen, als etwas das überall und immer in gleichem Maße vergeht. Eine Alltagserfahrung, die sich längst als falsch herausgestellt hat. Und was wäre, wenn dies nicht die einzige Herausforderung für unseren »gesunden Menschenverstandes« ist? Vielleicht gibt es solche, die wir nicht so einfach durch die genaue Beobachtung der Natur erkennen können …?

Blick in die Vergangenheit des Universums

Je weiter ein kosmisches Objekt von uns entfernt ist, desto länger dauert es, bis sein Licht bei uns ankommt. Die Sterne der Milchstraße sind uns am nächsten, sie befinden sich in Entfernungen von wenigen Lichtjahren bis zu einigen zehntausend Lichtjahren. Weiter entfernt – Millionen bis zu mehreren Milliarden Lichtjahren entfernt – finden wir andere Galaxien. Die ersten, also am weitesten entfernten Galaxien sehen wir vor 13,4 Milliarden Jahren. Und noch einmal 0,4 Milliarden Jahre früher endet unser Blick im sehr jungen Universum, dem »Nachleuchten des Urknalls«, welcher wiederum nochmals 380 000 Jahre (= 0,000 38 Milliarden Jahre) früher stattfand.

Aber Moment mal – hatten wir nicht festgestellt, dass man noch gar nicht sagen kann, ob das Weltall und alles darin einst in einem Punkt begonnen hat? Stimmt. Aber man nennt üblicherweise auch das Szenario bereits Urknall, bei dem wir nicht bis auf diesen hypothetischen Punkt zurückgehen, sondern einfach die rasend schnelle Expansion des Universums beginnend bei dem superdichten, superheißen Gemisch aus Strahlung und – wahrscheinlich recht exotischer – Materie betrachten.

Auf die Frage nach deiner Herkunft, haben wir zuerst auf uns geschaut. Danach haben wir über den Tellerrand unserer kleinen Lebenswelt, der Erde, geblickt. Soweit wir konnten.

Vielleicht war für dich dieser Blick in deine Vergangenheit interessant. Hoffentlich faszinierend.

Aber es ist eben auch nur eine – hier kurz gefasste – Geschichte, die in wissenschaftlichen Fachbüchern mit Zahlen und Gleichungen »erzählt« werden kann. Ist das nicht irgendwie ernüchternd?

»Egal, war halt so. Was gibt's da noch zu diskutieren?« Kurzum – du magst all dies so hinnehmen. Bist eben ein Realist.

Vielleicht denkst du dir aber auch, dass dies unmöglich alles sein kann. Denn dein Leben, deine Selbstwahrnehmung fühlen sich einfach anders an, als dass dies mit einem Mix von Physik, Chemie und Biologie vollständig erfasst werden könnte. Nicht, dass irgendetwas von dem, was du gelesen hast, falsch wäre. Aber vielleicht ist es eben doch nicht alles.

Zurecht mag man jetzt einwenden, du bräuchtest doch nur deine Augen aufzumachen und anzusehen, wie es gewesen ist. Unglaublich viele wichtige und weniger wichtig Details sind auf allen Etappen der Weltgeschichte noch zu erforschen. Aber der Weg, auf welchem dich das Weltall hervorgebracht hat, ist nichts Ausgedachtes. Du kannst alles überprüfen – es liegt doch vor deiner Nase! Der Rest ist Gefühlsduselei. Und Gefühle sind eben auch nichts anderes als das Ergebnis chemischer Reaktionen in deinem Körper.

Aber vielleicht gibt es doch noch
eine andere Perspektive?

Ja, die gibt es.

Denn eigentlich haben wir bisher nur
die Spitze des Eisbergs gesehen. Bestenfalls.

»Der Denker« (franz. »Le Penseur«) von Auguste Rodin (1840-1917) vor dem Musée Rodin in Paris.

Grenzen unserer Erkenntnis?

Stopp. Bevor du weiterliest, stell dir bitte folgende Frage:

»Vertraust du deinem Verstand?«

Das ist jetzt nicht beleidigend gemeint. Du sollst hier auch nicht verraten, ob du in manchen Situationen eher deinem »Bauchgefühl« nachgibst. Und eine Psychoanalyse folgt jetzt erst recht nicht.

Es geht vielmehr um Folgendes: Glaubst du bedingungslos dem, was dir dein Verstand sagt? Naturwissenschaften beispielsweise funktionieren ausschließlich auf diese Weise. Man schaut sich etwas an und versucht zu erklären, wie es funktioniert. Dann überlegt man sich einen cleveren Test, mit dem man seine Erklärung überprüfen kann. Und danach weiß man, ob man richtiglag. Auf diese Weise enthüllen wir Schritt für Schritt die Geheimnisse der Natur. Die Menschwerdung auf unserem Planeten haben wir so zurückverfolgen können. Und man hat sich sogar bis in die Vergangenheit des Universums, in eine Zeit bevor es überhaupt Sterne und Planeten gab, zurückgetastet. Mit dem menschlichen Verstand. Stück für Stück. In sich stimmig und für jeden nachvollziehbar.

Also nochmal: »Vertraust du deinem Verstand?«

»Woran sollte man sich denn sonst halten?«, magst du zurecht entgegnen. »Wenn ich mich nicht einmal auf meinem Verstand verlassen könnte, hätte ich doch gar nichts mehr, was mir Orientierung in der Welt gibt?!« Hört sich plausibel an. Und wenn du der Meinung bist, dass es hierzu nichts weiter zu sagen gibt, ist dieses Buch für dich an dieser Stelle zu Ende.

Danke fürs Lesen.

Keine Dogmen

Du willst also doch wissen, wie weit du deinem »gesunden Menschenverstand« trauen darfst? Gut. Dann sollte erst einmal gesagt werden, wieso dies so wichtig ist:

Weil wir alles, was wir über deine Herkunft und dabei über die Welt erfahren haben, eben mit unserem Verstand erreicht haben.

Alles.
Ohne übernatürliche Eingebungen.
Ohne Erleuchtungserlebnisse.

Wir haben uns blind auf unseren Verstand verlassen. Und es gab bisher auch keinen Grund, dies in Frage zu stellen. Aber: Die Frage woher du kommst – und damit wer oder was du bist, ist einfach zu wichtig, als dass wir uns auf irgendwelche Dogmen verlassen sollten. Auch nicht auf ein Dogma, das lauten könnte »Der menschliche Verstand ist grenzenlos.«

Natürlich brauchst du neben deinem Verstand auch Sinne, über die du sehend, riechend, ... die Welt wahrnimmst. Oft müssen passende Messinstrumente gebaut werden, um nicht direkt wahrnehmbare Eigenschaften der Natur für unsere Sinne »zu übersetzen«. Und damit sichtbar zu machen. Beispielsweise haben wir im Gegensatz zu Zugvögeln keinen Magnetsinn, können uns aber mit einer Magnetnadel am Erdmagnetfeld orientieren. Auch sind deine Augen ja weder in der Lage deine Erbsubstanz, noch sich entfernende Galaxien ohne geeignete Mikroskope oder Teleskope zu sehen. Wäre das möglich, hätten sich Menschen schon seit Jahrtausenden über all dies Gedanken machen können.

Letztendlich aber muss dein Verstand aus allem, was ihm deine Sinne berichten, ein passendes Bild zusammensetzen. Deshalb stellen wir uns jetzt die Frage: »Könnte unser Verstand begrenzt sein?«

Zurück zu Wohnzimmerlampe, Smartphone, Mensch

Wo steckt denn unser Verstand? Wo steckt deine Persönlichkeit? Die Antwort ist klar – in deinem Gehirn. Dieses wird gefüttert mit allen Informationen, die ihm deine Sinnesorgane liefern. Nur manchmal ist es sich selbst genug – und träumt. Auf jeden Fall entsteht das Bild der Welt in deinem Kopf. Soweit wirst du sicherlich zustimmen.

Jetzt versuch dich einmal daran zu erinnern, wie wir Menschen überhaupt zu unserem Gehirn gekommen sind. Richtig –

es hat sich im Laufe der Entwicklung des Lebens herausgebildet. Verglichen mit anderen Lebewesen besitzen wir sogar das am weitesten entwickelte Großhirn – das ist gerade der Teil, in welchem unsere Sinneseindrücke verarbeitet werden. Und damit die durch unsere Sinne gefilterten Informationen über die Welt um uns herum. Man kann darüber nachgrübeln und Vermutungen anstellen, warum dies so ist. Offensichtlich hat unseren Vorfahren dieser Entwicklungsschritt des Lebens einen Vorteil im Überlebenskampf gebracht. Aber wenn es sich im Laufe der Zeit erst zu dem entwickelt hat, was es jetzt ist, wäre es dann nicht etwas vermessen zu behaupten, dass wir ausgerechnet heutzutage den Höhepunkt der Vervollkommnung dieses Organs erreicht haben? Wir also jetzt den perfekten Verstand besitzen? Das wäre blinde Eitelkeit, oder?

Es kommt aber noch dicker.

Unser Gehirn ist unglaublich komplex – bestehend aus knapp 90 Milliarden Nervenzellen. Das sind in etwa so viele, wie es Sterne in der Milchstraße gibt. Diese Nervenzellen sind über rund 100 Billionen Synapsen miteinander verbunden. Dieses sind gewaltige, aber eben doch endliche Zahlen. Nüchtern betrachtet, bleibt das Gehirn ein enorm komplexes, anpassungsfähiges Organ. Ein Organ, das den Input der Sinnesorgane empfängt und darauf reagiert. Also eine körperliche Reaktion hervorruft – je nachdem, was es im Laufe des Lebens gelernt hat oder ihm bereits an Fähigkeiten mit in die Wiege gelegt wurde.

Beeindruckend – ja, sehr. Aber mit unbegrenztem Potenzial?

Erinnerst du dich noch an den Vergleich Wohnzimmerlampe–Smartphone? Deine Wohnzimmerlampe hat nur ein »Sinnesorgan«, den Lichtschalter. Was passiert, wenn du ihn drückst, weißt du. Mehr als »Licht an« – »Licht aus« ist nicht drin. Da hat dein Smartphone schon mehr drauf. Außerdem hat es mehr »Sinnesorgane«. Üblicherweise einen Touchscreen, ein Mikrofon, Kameras, einen GPS-Empfänger, eine WLAN-Antenne, … Und was es mit dem unterschiedlichen Input, den »Sinneseindrücken«, alles machen kann, ist enorm. Vor allem, weil man auf einem Smartphone immer neue Apps laufen lassen kann. Aber würdest du deinem Smartphone zutrauen, die Welt zu verstehen – zumindest »auf seine Weise«? Immerhin kann es seine Umwelt ja auch sehen, hören, fühlen…

Und jetzt zu dir. Die Natur hat in reichlich langer Zeit ein enorm komplexes System, den Input deiner Sinnesorgane zu verarbeiten, geschaffen: Dein Gehirn. Genauso wie die Wohnzimmerlampe und das Smartphone bist du aus dem Baumaterial gemacht, was sich auf unserem Planeten findet. Baumaterial, aus welchem die Natur dich über Jahrmilliarden als Puzzleteil im »Ökosystem Erde« hervorgebracht hat. Wohnzimmerlampe und Smartphone wurden anschließend durch dieses weit komplexere System Mensch erzeugt. Und es ist nicht auszuschließen, dass Menschen in nicht allzu ferner Zukunft Computer bauen werden, die noch leistungsfähiger als unser Hirn auf wesentlich umfassendere Weise ihre Sinneseindrücke, ihren Input, analysieren können, als wir dazu in der Lage sind.

Siehst du, was uns diese Vergleiche zeigen?

In unserem Gehirn gibt es knapp 90 Milliarden Nervenzellen. Eine vergleichbare
Zahl von Sternen findet sich in unserer Heimatgalaxie (100–300 Milliarden Sterne).

Gesamtaufnahme der Milchstraße, gewonnen mit dem Weltraumteleskop Gaia. Bei den beiden hellen Objekten unten rechts handelt es sich um die Große Magellansche Wolke (siehe auch Seite 54) und die Kleine Magellansche Wolke. Beides sind Zwerggalaxien, welche unsere Milchstraße umkreisen.

Soll dir vor Augen geführt werden, dass abzusehen ist, dass Computer eines Tages die geistigen Fähigkeiten des Menschen in den Schatten stellen werden? Nein. Außerdem machen sie dies bei intellektuell banalen Dingen wie komplizierten Rechnungen, bei der Verwaltung von zig Millionen Bankkonten, der Suche nach dem scheinbar passenden Partner unter Millionen Menschen per Vergleich von Persönlichkeitsprofilen, … ja bereits seit Jahrzehnten. Und ob uns intelligente Systeme irgendwann gefährlich werden könnten, ist eine andere Geschichte. Alles interessant, aber unwichtig an dieser Stelle.

Es geht darum zu verstehen, dass wir Menschen, genauso wie Wohnzimmerlampe und Smartphone, aus den gleichen »Zutaten« gemacht sind. Nur nach unterschiedlichen Rezepten und Mengen dieser einzelnen Zutaten.

Es geht darum zu begreifen, dass unser Hirn, genauso wie Wohnzimmerlampe und Smartphone, begrenzt ist in seinen »Bauteilen und Schaltungen«. Es soll dabei nicht unterschlagen werden, dass es lernfähig ist. Während man beim Smartphone immer bessere Software verwenden kann, baut unser Hirn seine Hardware, die gleichzeitig Software ist, einfach um. Und das in einem Maße, welches wir noch nicht überblicken können. Als Reaktion auf den Input, den es von seiner Umgebung erhält. Aber egal wie atemberaubend riesig seine Flexibilität und Möglichkeiten sind – letztendlich sind sie … begrenzt.

Wir erkennen die Welt –
Erkennen wir die Welt?

Nach all den Vergleichen und Erklärungen, jetzt mal zum Punkt:

Wenn du dir die Welt anschaust, dann siehst du sie so, wie die Natur es dir erlaubt sie zu sehen. So, wie die Natur dich bei der Entwicklung des Lebens hierfür vorbereitet hat.

Wir mögen unsere Sinne schärfen und erweitern. Teleskope bauen und Wärmebildkameras. Radioempfänger und Kompasse. Aber unser Verstand, eingeschränkt durch die begrenzten Fähigkeiten unseres Gehirns, setzt uns letztendlich Grenzen.

Dein Verstand sieht dich in Raum und Zeit. Sieht, wie Ereignisse in einer bestimmten, klaren Reihenfolge ablaufen – Steine fallen nach unten, nicht nach oben. Und sieht, wie du dich in dieser Welt bewegst, Einfluss auf sie nimmst und von ihr beeinflusst wirst.

Und du bist Teil dieser so erfahrbaren Welt. Wir können nicht von »außen« auf die Welt schauen. Wir sind in unserer Welt gefangen. Stell dir vor, du wärst der Hauptdarsteller der »Truman Show«*, allerdings ohne eine Chance, deine kleine Welt zu verlassen. Nie würdest du herausfinden, ob diese Welt ein Abbild der wahren Welt ist, oder draußen grüne Männchen hocken.

---

* »Die Truman Show« (Originaltitel: »The Truman Show«) ist ein Spielfilm aus dem Jahre 1998. Die Hauptperson, Truman Burbank, lebt in einer Kleinstadt, welche jedoch nur als Kulisse und seine Einwohner nur als Darsteller für sein rund um die Uhr gefilmtes Leben, die »Truman Show«, dienen. Er selbst weiß zu Beginn der Geschichte nichts davon, dass dies nicht die wahre Welt ist.

Genauso wenig haben wir die Möglichkeit, das »wahre Wesen der Welt« zu erkunden, was immer das auch sein mag. Selbst wenn das, was wir sehen, das »wahre Wesen der Welt« sein sollte – wir könnten es nicht beurteilen.

Ist auch völlig irrelevant. Du siehst die Welt mit deinen Augen und begreifst Sie mit deinem – sorry – begrenzten Verstand. Alles was wir herausgefunden haben, stimmt so. Man sollte aber bloß nicht daherkommen und behaupten, dass dies alles sei. Und so lange wir in unserer Welt gefangen sind, werden wir wie ein kleines, neugieriges Kind immer weiter fragen können: »Und warum ist das so?« Kostprobe gefällig? Bitte sehr:

»Und warum gab es vor knapp 14 Milliarden Jahren das Strahlungsfeld, aus welchem die Materie entstanden ist?« Und falls wir eines Tages die Antwort nicht nur vermuten, sondern kennen sollten, würde die nächste Frage nach dem »warum« bereits auf uns warten.

Natürlich könnte man jetzt wilde Spekulationen über das Wesen der Welt anstellen – zum »Matrix«*-Jünger werden oder sich anderweitig esoterisch verklärt von der Welt abwenden. Wäre aber schade. Denn das Schlimmste kommt zum Schluss …

---

* »Matrix« (Originaltitel: »The Matrix«) ist ein Science-Fiction-Film aus dem Jahre 1999 über eine virtuelle Scheinwelt.

Zurück auf Los

Ist das nicht verrückt? Wir haben uns alle Mühe gegeben, uns den Menschen als Teil der Natur genau und vorurteilsfrei anzusehen. Sind Jahrmilliarden in unserer Vergangenheit zurückgegangen, um Stück für Stück deine Herkunft zu entschlüsseln. Haben all dies unserem menschlichen Verstand zu verdanken. Und finden dann ausgerechnet bei genauerem Hinsehen heraus, dass unser Haupthandwerkszeug, unser Verstand, seine Grenzen hat.

Wir haben nicht etwa Thesen in den Raum gestellt. Haben nicht mit Argumenten jongliert, die losgelöst von jeglicher konsequenten, genauen Naturbeobachtung im stillen Kämmerlein hin und hergedreht werden können. Wir haben nicht gemutmaßt, wie so manche großen Denker in früheren Zeiten. Konnten sie ohne einen schärferen Blick in die Natur ja damals auch nicht besser. Hier mal ein bekanntes Beispiel aus Goethes »Faust«:

»Geheimnisvoll am lichten Tag
Lässt sich Natur des Schleiers nicht berauben,
Und was sie deinem Geist nicht offenbaren mag,
Das zwingst du ihr nicht ab mit Hebeln und mit Schrauben.«

Treffend, oder?

Von Xenophanes (565 v. Chr. – ca. 470 v. Chr.) – über zwei Jahrtausende früher – ist folgendes überliefert:

»Sollte einer auch einst die vollkommenste Wahrheit verkünden, wissen könnt' er das nicht: Es ist alles durchwebt von Vermutung.«

Die beiden wussten noch nichts von fliehenden Galaxien oder der Entwicklung des Lebens auf der Erde. Von Atomen konnten sie bestenfalls etwas ahnen. Sie haben sich auf ihre Intuition verlassen. Wir stattdessen haben einige Perlen des naturwissenschaftlichen Wissens unserer Zeit zusammengetragen. Vieles davon ist nicht einmal 100 Jahre alt und nur weniges über 200 Jahre. Wissen, das nicht abhängt von Ansichten und Weltanschauungen spezieller Personen.

Sicherlich magst du den einen oder anderen bekannten Namen eines Physikers oder Biologen kennen. Ist aber nicht wichtig. Diese haben sich auch nur die Natur angesehen und ihre Schlüsse daraus gezogen und überprüft. Genauso, wie du alles was wir besprochen haben, selbst nachprüfen kannst, wenn du deine Augen aufmachst und, wenn nötig, das passende Messgerät zur Hand nimmst.

Aber Moment mal …
Wir haben doch noch etwas übersehen … Sind in ein Fettnäpfchen getreten, wie das so vielen an dieser Stelle passiert.

Ist dir klar, in welche Denkfalle wir – weil wir es einfach so gewohnt sind – gelaufen sind?

Zwei Stichworte:
Begrenzter Verstand.
Mensch ist Teil der Welt, nicht etwa außenstehender Beobachter.

Na?!

Ist doch klar:

Wenn unsere Fähigkeit, die Welt zu verstehen, begrenzt ist, gilt das doch nicht nur für das Verständnis von unserer *Um*welt. Es gilt doch genauso auch für unsere Fähigkeit, uns selbst zu erkennen.

Wie bitte?
Ja – wir sehen und verstehen nicht nur die Welt um uns herum in begrenztem Maße. Das Gleiche muss doch dann auch für den Blick auf uns selbst gelten.

Und?
Naja, das bedeutet dann nicht weniger, als dass nicht klar ist, inwieweit wir unseren Sinnen – die wir ja auch als solche erst einmal erkennen müssen – und letztendlich all dem, was unser Verstand daraus macht, trauen können.

Dass unser Verstand seine Grenzen besitzt, hast du vielleicht noch akzeptieren können. Dass wir die Welt nur insoweit wahrnehmen und verstehen können, wie uns die Entwicklung des Lebens darauf vorbereitet hat, ist sicherlich auch noch annehmbar. Auch wenn nicht so recht klar ist, wo diese Grenzen liegen. Vielleicht würden wir verrückt werden, wenn die Natur unseren Verstand so eingerichtet hätte, dass wir diese Grenzen ständig sehen könnten?

Aber nun wird uns der Teppich komplett unter den Füßen weggezogen. Nun lässt sich nicht einmal mehr klar sagen, inwieweit man sich auf das, was uns unsere Umwelt über unsere Sinne mitteilt, verlassen kann. Ein rein auf dem menschlichen Verstand beruhendes Weltbild ist somit keinesfalls objektiv, sondern reine Glaubenssache.

Das ist doch frustrierend. Denn eigentlich wollten wir deine Herkunft und damit die der Welt allein mit objektiv prüfbaren Fakten erkunden. Ohne persönlich gefärbte Annahmen, an die man eben glauben kann oder auch nicht. Sehr ärgerlich.

Trugbilder

Ärgerlich? Ist es denn wirklich *so* ärgerlich?

Haben wir nicht eher ein Trugbild entlarvt?

Musste sich die Menschheit nicht schon früher von Trugbildern befreien? Man denke an die Naturgötter, die als Lückenbüßer für ein fehlendes Verständnis natürlicher Phänomene herhalten mussten. Oder das Trugbild, wonach der Mensch unabhängig vom sonstigen Leben auf der Erde geschaffen wurde? Oder das Trugbild, wonach die Erde im Mittelpunkt der Welt stehen würde?

Alle Trugbilder boten etwas Angenehmes. Die Welt war dank der Naturgötter klar organisiert. Man fühlte sich als Mensch als etwas Besonderes. Kein Wunder also, dass diese Trugbilder vehement verteidigt wurden.

Gleichzeitig haben diese Trugbilder das Denken der Menschen und ihren Blick auf die Welt aber unnötig eingeschränkt.

Und jetzt? Jetzt zeigt uns der Blick in die Natur, dass der scheinbar untrügliche menschliche Verstand selbst auch nur ein Trugbild ist. Genauso wie in früheren Zeiten die Naturgötter, hat sich in unserer Anschauung der Welt das Gefühl eingeschlichen, dass dank der Naturgesetze, die wir jederzeit überprüfen können, alles klar geregelt ist. Beim genauen Hinschauen stellen wir aber fest, dass die Natur ja gar keine Gesetze kennt, sondern es lediglich Regelmäßigkeiten sind, die wir durch genaue Beobachtung erkannt haben. Und uns im alltäglichen Leben zunutze gemacht haben.

Sollten morgen Steine aber nicht mehr nach unten, sondern nach oben fallen, würde dies zwar mit unserem heutigen naturwissenschaftlichen Weltbild nicht zusammenpassen. Haftbar wäre die Natur dafür jedoch nicht. Lediglich unsere Naivität, mit der wir blind unseren Sinnen vertraut und uns auf unseren Verstand verlassen haben. Ohne daran zu denken, dass wir das tieferliegende Wesen der Natur – wahrscheinlich – gar nicht erkannt haben. Wahrscheinlich nicht erkennen können.

Naturkonstanten – Naturgesetze

Wenn man sich fragt, warum die Welt genau so ist wie sie ist, stellt man schnell fest, dass man dies an wenigen Naturkonstanten festmachen kann. Die Lichtgeschwindigkeit ist eine von ihnen. Daher die Frage: Wodurch sind die Werte der Naturkonstanten festgelegt, welche die Eigenschaften unseres Universums im Großen und Kleinen bestimmen?

Die herausragendste intellektuelle Leistung, die ein Mensch – vielleicht – von sich heraus vollbringen kann, ist also nicht, die Welt um sich herum »nur« zu verstehen, sondern die Grenzen des menschlichen Verstandes aufzuzeigen. Falls dies überhaupt möglich ist.

Grenzen?

Gibt es offensichtliche Grenzen unserer Erkenntnis? Nun, wenn sie tatsächlich so offensichtlich wären, würde man doch längst versuchen, diese Grenzen – falls möglich – zu verschieben und unsere Erkenntnisfähigkeit weiter auszudehnen. Was man bei der Betrachtung der Natur im Großen wie im Kleinen aber findet, sind zum einen zumindest hier und da Schwierigkeiten, unser Wissen zu erweitern. Zum anderen sind es bizarre Eigenschaften unserer Welt, welche weit jenseits unserer Alltagserfahrungen liegen. Hierzu drei Beispiele:

#1 Das beobachtbare Universum

Wegen der endlichen Lichtgeschwindigkeit sehen wir nur denjenigen Bereich des Universums, aus welchem uns Strahlung im Laufe der letzten 13,8 Milliarden Jahre hat erreichen können. Dieser endliche Bereich wird als »beobachtbares Universum« bezeichnet. Selbst hier sehen wir die Verteilung der Materie im Raum – Galaxien, Sterne, ... – nur zu dem Zeitpunkt und damit in dem Zustand, als das Licht ausgesandt wurde. Und darüber, wie es außerhalb dieses beobachtbaren Universums aussieht, ob das Universum unendlich groß ist (siehe »Olberssches Paradoxon«) und ob die Natur überall die gleichen Eigenschaften aufweist wie in »unserem«, dem beobachtbaren Teil des Universums, lässt sich gar nichts mit Gewissheit sagen. Wir können nur mutmaßen. Spannend und frustrierend zugleich.

#2 Quantensysteme

Wenn wir uns auf die Größenskala von Atomen begeben, zeigt die Natur sehr befremdliche Eigenschaften. Beispielsweise ist der konkrete Zustand derartiger Systeme nicht vorhersagbar. Beschreiben kann man dies aber auf die Weise, dass ein solches Quantensystem eine Überlagerung sämtlicher ihm möglicher Zustände aufweist und erst beim Nachmessen einen konkreten Zustand annimmt. Welcher Zustand dann tatsächlich gemessen wird, ist dem Zufall überlassen – mit einer Einschränkung: Zumindest die Wahrscheinlichkeiten für alle möglichen Messergebnisse sind vorherbestimmt und damit berechenbar, denn diese richten sich nach physikalischen Gesetzmäßigkeiten.

#3 Groß trifft auf klein

Dass Zeit nicht überall in gleichem Maße verläuft, ist eine wesentliche Erkenntnis, die aus der speziellen und allgemeinen Relativitätstheorie folgt. Erstere zeigt, dass bewegte Uhren langsamer gehen; letztere, dass Uhren in stärkeren Gravitationsfeldern langsamer laufen. Dies sind nicht etwa Hypothesen, sondern experimentell nachgewiesene Fakten, welche bereits in unserem Alltag beispielsweise für die korrekte Funktion von Navigationsgeräten berücksichtigt werden müssen. Und bei der Berechnung der Entwicklung des Universums ist die Relativitätstheorie ebenfalls nicht wegzudenken. So weit so gut. Wenn wir uns aber an die frühesten Momente des Universums heranrechnen, treffen Eigenschaften der Natur, welche mit der Relativitätstheorie zu behandeln sind, auf Effekte, welche mit der Quantentheorie beschrieben werden müssen. Ein überzeugender, allgemein anerkannter mathematischer Ansatz, der beide Felder der Physik korrekt zu beschreiben erlaubt und mit experimentell nachgewiesenen Vorhersagen bestätigt wurde, fehlt noch.

Ein frischer Blick auf die Welt

Es war sicherlich nie angenehm, ein Trugbild aufgeben zu müssen, mit dem man es sich so komfortabel eingerichtet hatte. Wenn der Befreiungsschlag aber geglückt war, gab es immer eine »Belohnung«. Man musste keine Angst mehr vor Naturgöttern haben. Man konnte sich darüber Gedanken machen, wieso die Erde um die Sonne kreist und diese Kenntnisse ausnutzen, um selbst ins Weltall aufzubrechen. Und um auf dem Mond spazieren zu gehen.

Und was haben wir davon, dass der menschliche Verstand eben doch nicht das Maß aller Dinge ist?

Was hast du davon?

Du hast gesehen, wie es die Natur über fantastische kosmische und atomar winzige Phänomene eingerichtet hat, dass du hier bist. Dass ein nicht unbedeutender Teil des Baumaterials in deinem Körper 13,8 Milliarden Jahre alt ist und in Strahlung geboren wurde. Dass der andere Teil aus den Zentren längst vergangener Sterne stammt. Dass all dies über Umwege in interstellaren Wolken und einer riesigen Scheibe aus Gas und Staub um die vor 4,6 Milliarden Jahre gerade entstandene Sonne zu einem Planeten geformt wurde. Dass sich auf diesem Planeten seit mindestens knapp 4 Milliarden Jahren das komplexeste uns bekannte Phänomen der Natur entfaltet – das Leben. Dass sich der Mensch auf einem Zweig in der Vielfalt des Lebens entwickelt hat. Dass du an einem momentanen Ende dieses Weges stehst. Und dass du in der Lage bist, all dies so zu verstehen. Ein Teil der Welt, der über das Bild der Welt, welches ihm seine Sinne und sein Verstand liefern, nachdenkt.

Ein grandioses Bild der Welt. Du, trotz der schier überwältigenden Größe des Raumes und der gigantischen Zeiträume, ein eigentlich unscheinbarer Ausschnitt dieser Welt, der aber gedanklich all dies erfassen kann.

Aber das ist nur das »Banale«, das Profane. Das Offensichtliche.

Das Trugbild eines untrüglichen menschlichen Verstandes hinter sich zu lassen bedeutet für dich, dass du in deinem Denken über die Welt und deinen Platz hierin nicht eingeschränkt bist. Nicht eingeschränkt bist durch das, was dir deine Sinne und dein Verstand zeigen.

Um einem Missverständnis vorzubeugen: Es geht nicht darum, alte Trugbilder zu rehabilitieren, nur, weil man nicht weiß, inwieweit man seinem Verstand noch trauen darf. Auch sollst du nicht ermuntert werden, Ansichten und Fantasien nachzuhängen, die dem widersprechen, was dir die Welt zeigt. Naturgötter & Co bleiben in der Mottenkiste. Alles andere wäre ein Schritt zurück.

Aber: Es geht darum, nicht die Augen vor den Möglichkeiten zu verschließen, die außerhalb der menschlichen Vernunft, außerhalb des Offensichtlichen liegen mögen. Diese Freiheit im Denken kommt allerdings mit einem Wermutstropfen einher. Während du mit dem einfachen Erkunden der Welt mit deinen Sinnen zu Erkenntnissen, zu *Wissen* gelangst, das du jederzeit mit deinen Mitmenschen teilen und dies gemeinsam überprüfen kannst, sind wir hier im Bereich des *Glaubens* angelangt.

Und um auch hier einem Missverständnis vorzubeugen: Es geht hier nicht speziell um den Glauben, der irgendeiner ausgewählten Religionsgemeinschaft zugrunde liegt. Es geht viel allgemeiner darum, dass wir gesehen haben, dass es so etwas wie ein »naturwissenschaftliches Weltbild«, in dem Sinne, dass wir mit unserem Verstand ein Gesamtverständnis der Welt erreichen können, nicht geben kann. Und zwar nicht nur deshalb nicht, weil wir nie abschließende Antworten erhalten werden – denn jede Antwort ist ja wieder Ausgangspunkt für die nächste Frage: »Und warum ist das so?« Sondern, weil wir nicht einmal einschätzen können, inwiefern unsere Sinne und unser Verstand uns das wahre Wesen der Welt zeigen. Ein recht einfach gestricktes Glaubensbekenntnis wäre demnach »Ich glaube an das, was ich sehe.«

Ob du dich diesem Glaubensbekenntnis anschließt, ist deiner Entscheidung überlassen.

Zurück zu dir

Der Blick auf deine Herkunft hat uns im Kleinen wie im Großen eine wunderbare Welt vor Augen geführt. Er hat uns aber gleichzeitig auch die Augen dafür geöffnet, dass unsere Welt – wahrscheinlich – weit mehr ist als das, was sich unseren Sinnen und unserem Verstand direkt offenbart.

Wir haben hierzu in die Natur geschaut. Und auf uns. Und die Natur zeigt uns nicht nur ihre Geheimnisse. Sie zeigt uns auch, dass es wahrscheinlich viel mehr als das Offensichtliche gibt. Hierzu mussten wir keine Denker vergangener oder neuerer Zeiten bemühen – auch wenn es hierfür manches anregende Beispiel gibt. Du kannst alles selbst nachprüfen und musst dich dabei nicht auf die Meinung oder Ansichten anderer verlassen.

Der Blick in die Natur hat uns *ein* Bild, *eine* Perspektive von dem gezeigt, woher du kommst. Wer oder was du bist. Nun liegt es an dir zu entscheiden, mit welchem Glauben du dieses Bild vervollständigst.

»Das wäre eine armselige Wissenschaft,
die die große, tiefe, geheiligte Unendlichkeit
des Nichtwissens vor uns verbergen wollte,
über welcher alle Wissenschaft wie
bloßer oberflächlicher Nebel schwimmt.«

Thomas Carlyle (1795–1881)

Eine ultrakurze Geschichte der Welt

Ein Lebensjahr des Universums

Für alle Leser, die nicht sonderlich begeisterte 100-m-Läufer sind (siehe 1. Kapitel), ist folgender Vergleich für die Entwicklung des Universums und des Lebens auf der Erde vielleicht noch eingängiger. Stell Dir vor, wir schrumpfen alles, was seit dem Urknall bis jetzt passiert ist, auf ein normales Jahr mit 365 Tagen zusammen, dann würde dies so aussehen:

Besonderes Ereignis	Vor welcher Zeit oder wann es stattfand	Auf 1 Jahr geschrumpft
Urknall	13,8 Milliarden Jahre	1. Januar, 0:00 Uhr
Weltall wurde durchsichtig	380 000 Jahre nach Urknall	1. Januar, 0:15 Uhr
Erste Sterne	200 Millionen Jahre nach Urknall	6. Januar

Wahrscheinlich genügend Elemente für irdisches Leben im All vorhanden	11 –12 Milliarden Jahre	Mitte Februar – Mitte März
Entstehung des Sonnensystems – mit unserer Erde	**4,6 Milliarden Jahre**	**1. September**
Früheste Spuren von Leben[*]	3,7 Milliarden Jahre	25. September
Sauerstoff in der Atmosphäre	2,3 Milliarden Jahre	1. November
Erste Mehrzeller	2,1 Milliarden Jahre	6. November
Erste Organismen, welche zum Leben Sauerstoff benötigen	1,5 Milliarden Jahre	22. November
Kambrische Artenexplosion	543 Millionen Jahre	17. Dezember

[*] Nutman, A.P. et al.: *Rapid emergence of life shown by discovery of 3,700-million-year-old microbial structures*, in: *Nature 537*, 2016, S. 535–538

Erste Pflanzen an Land	ca. 470 Millionen Jahre	19. Dezember
Größtes bekanntes Massensterben der Erdgeschichte	ca. 250 Millionen Jahre	25. Dezember, Vormittag
Auftreten der Dinosaurier	ca. 235 Millionen Jahre	25. Dezember, Abend
Superkontinent Pangäa zerbricht	175 Millionen Jahre	27. Dezember, Vormittag
Erste Primaten	Vermutlich 80–90 Millionen Jahre	29. Dezember, Nachmittag / Abend
Aussterben der Dinosaurier	65 Millionen Jahre	30. Dezember, 6 Uhr
Homo sapiens	**ca. 200 000 Jahre**	**Sylvester, 23:52 Uhr**
Älteste Höhlenmalereien	ca. 40 000 Jahre	89 Sekunden vor Jahresende
Aussterben des Neandertalers	ca. 30 000 Jahre	68 Sekunden vor Jahresende

Bau der ältesten ägyptischen Pyramide	2650 v. Chr.	11 Sekunden vor Jahresende
Erster künstlicher Satellit (Sputnik 1)	Oktober 1957	etwa 0,1 Sekunden vor Jahresende
Deine Geburt[*]	_____	etwa _____ Sekunden vor Jahresende

Bei diesem Vergleich entspricht eine Sekunde in dem gedachten Jahr etwa 4 Jahrhunderten in der realen Zeit.

Übrigens – wäre es nicht interessant zu wissen, was im »nächsten Jahr« passiert?

---

[*] Als kleine Rechenhilfe: Ein Lebensjahr entspricht etwa 0,0023 Sekunden (oder 2,3 Millisekunden) in dem gedachten Jahr (rechte Spalte).

Das zweite Jahr –
Unsere Zukunft steht in den Sternen

Erlauben uns die Sterne einen Blick in die Zukunft? Aber natürlich. Allerdings können wir aus ihnen nicht lesen, was dir im Laufe deines Lebens – in 5 Minuten oder in 3 Jahren passieren wird. Aber sie geben uns Auskunft über große Ereignisse in der fernen Zukunft. Unsere Nachfahren werden sich mit gigantischen Naturereignissen auseinandersetzen müssen, im Vergleich zu denen die aktuellen Probleme der Menschheit, seien es der Klimawandel oder Kriege, als eigentlich einfach lösbar erscheinen:

#1 Der große Crash

Neben den als Tierkreiszeichen bekannten Sternbildern (Steinbock, Jungfrau, Waage, …) gibt es noch eine ganze Reihe weiterer Sternbilder. Eines davon ist das am abendlichen Herbsthimmel sichtbare Sternbild »Andromeda«. In diesem gibt es ein kleines, recht unscheinbares Nebelfleckchen – den Andromedanebel. Schwierig zu finden, aber mit der passenden Smartphone-App auch kein echtes Problem.

Das Nebelfleckchen ist über 1000 Mal weiter entfernt als die am weitesten entfernten Sterne dieses Sternbilds. Die Sterne gehören so wie alles andere was du nachts am Himmel sehen kannst, zur Milchstraße – unserer Heimatgalaxie. Das Nebelfleckchen gehört nicht dazu. Es ist nämlich selbst eine Galaxie, unserer Milchstraße in Gestalt und Größe ähnlich – und 2,5 Millionen Lichtjahre von uns entfernt. Es ist übrigens die einzige andere Galaxie, die du mit bloßen Augen sehen kannst. Dabei siehst du jedoch nur den innersten Bereich. Mit einem Teleskop erkennt man, dass sie tatsächlich 6 Mal größer als der Vollmond am Himmel steht – wenn man nur die mit hunderten Milliarden von Sternen gefüllten Spiralarme berücksichtigt.

Und jetzt das wirklich Wichtige: Milchstraße und Andromedagalaxie bewegen sich mit 410 000 km/h aufeinander zu. Die Kollision ist unausweichlich und wird in 3 bis 4 Milliarden Jahren stattfinden. Auf unserem 1-Jahres-Kalender würde dies im Frühling des zweiten Jahres liegen.

Nun darf man sich dies aber nicht so vorstellen, dass hunderte Milliarden von Sternen beider Galaxien miteinander kollidieren würden. Denn auch wenn Sterne gigantische heiße Gaskugeln sind, sind sie winzig im Vergleich zu den riesigen Abständen untereinander. Wenn du das nicht glauben magst, schau dir einfach den Nachthimmel mit den Sternen aus unserer kosmischen Nachbarschaft an. Recht dunkel und leer, oder? Als Vergleich: Wenn wir die Sonne auf die Größe einer Kirsche schrumpfen würden, wären die typischen Abstände der Sterne untereinander einige 100 Kilometer – also eine Kirsche in Berlin, eine in Warschau, eine in Paris. Vielleicht mag der eine oder andere Stern bei der Galaxienkollision der Sonne recht nahekommen und mit seiner Schwerkraft das Sonnensystem durcheinanderschütteln. Das könnte allerdings auch jetzt passieren und ist vielleicht bereits geschehen, während die Sonne – und damit das gesamte Sonnensystem – innerhalb von jeweils 220 bis 240 Millionen Jahren das Milchstraßenzentrum umrundet. Und dabei auch so manchem Stern näher als »üblich« kommt. Aber eine Sternkollision »im nächsten Frühjahr« gilt im Vergleich dazu als äußerst unwahrscheinlich.

Kosmischer Crash

Jetzt noch eine Fotomontage – in 3-4 Milliarden Jahren Realität: Die Kollision der Andromeda-Galaxie (links) mit unserer Heimatgalaxie, der Milchstraße (rechts).

Antennen-Galaxien, Entfernung: 70 Millionen Lichtjahre

Galaxienkollision

Am Beispiel anderer Galaxien im All kann man sich bereits jetzt eine Vorstellung davon machen, wie die Kollision der Milchstraße mit der Andromeda-Galaxie einst ablaufen und enden könnte.

Kollidierende Spiralgalaxien NGC 2207 und IC 2163,
Entfernung: 80 Millionen Lichtjahre

Galaxienpaar NGC 4676 mit dem Spitznamen »Mäuse«,
Entfernung: 300 Millionen Lichtjahre

Trotzdem wird sich aber doch einiges am Abendhimmel ändern. Denn neben vielen Sternen wird die Andromedagalaxie viel Baumaterial für neue Sterne mitbringen – riesige Wolken aus Gas und Staub, wie wir sie auch im Band der Milchstraße sehen. Wenn diese Wolken beider Galaxien miteinander verschmelzen, werden viele neue Sterne daraus entstehen. Der Nachthimmel wird dann um einiges mehr zu bieten haben als heutzutage.

#2 Das Schicksal unseres Planeten

Sollten wir aus dem Crash der Galaxien heil herausgekommen, ist spätestens »zu Sommerbeginn«, oder in gut 7 Milliarden Jahren, das Ende unseres Planeten, wie wir ihn kennen, gekommen. Was wird passieren?

In dieser fernen Zukunft wird sich unsere Sonne grundlegend verändern. Dann nämlich wird ein so hoher Anteil des Brennmaterials Wasserstoff im Zentrum unseres Sterns verbraucht sein, dass die Sonne auf eine neue Energiequelle umsteigen muss. Hierbei wird sie sich bis über die Merkur- und Venusbahn ausdehnen und als sogenannter Roter Riese mittags einen Großteil des Himmels einnehmen.

Möglicherweise wird auch unsere Erde in die »Fänge« der Sonne geraten und in der dann heißen, dünnen Atmosphäre der Sonne immer weiter nach innen spiralen und verdampfen. Ob dies geschieht, kann man allerdings noch nicht mit Gewissheit vorhersagen. Sollten wir noch einmal mit einem blauen Auge davonkommen, wird sich unser Planet aber trotzdem sehr verändert haben. Zuerst wird es glühend heiß und später, wenn die aufgeblähte Sonne ihre riesige Hülle in den Weltraum abgegeben

hat und von ihr nur ein erdgroßer »Weißer Zwerg« übriggeblie-
ben sein wird, bitter kalt werden. Zumindest während der Rie-
sen-Phase unserer Sonne werden wir noch Rückzugsorte im äußeren Sonnensystem haben. Anfangs wird es auf unserem
Nachbarplaneten Mars und später auf den Jupiter- und Saturn-
monden deutlich angenehmer sein …

Eine neue Heimat?

Schon lange bevor sich die Sonne zu einem Riesenstern aufbläht, wird es auf der
Erde unerträglich heiß. Bereits jetzt nimmt ihre Leuchtkraft stetig zu und wird
uns bereits in ca. 2 Milliarden Jahren Temperaturen von über 100 °C bescheren.
Unsere Erde wird zu einer Treibhaushölle wie die Venus. Vielleicht findet das
Abenteuer Leben dann auf dem jetzt noch bitterkalten Saturnmond Titan (-180 °C,
im Bild vor dem Saturn zu sehen) seine Fortsetzung – oder einen Neuanfang.

Dein Blick auf die Welt

Du hast gesehen, dass eine gute Frage meist genauso viel wert ist, wie die dazugehörige Antwort. Oft sogar noch wertvoller. Denn nur mit der passenden Frage kannst du überhaupt interessante, überraschende oder gar fantastische Antworten finden. Hier ist etwas Platz für Fragen, welche dir vielleicht beim Staunen und Wundern über die Welt kommen:

Bildnachweis

Leider konnten die Rechteinhaber trotz eingehender Bemühungen nicht in allen Fällen ermittelt werden. Rechtmäßige Ansprüche werden auf Nachfrage abgegolten.

Seite 36: Wikimedia Commons (NASA, ESA, and A. Simon (Goddard Space Flight Center) derivative work: Martin Kraft)

Seite 37 (oben): © NASA/JPL-Caltech/Univ. of Arizona

Seite 37 (unten): Wikimedia Commons (NASA/JPL-Caltech/Keck)

Seite 38 (oben links): © ISAS/JAXA

Seite 38 (oben rechts): Wikimedia Commons (NASA – Jet Propulsion Laboratory)

Seite 38 (unten links): © ESA/DLR/FU Berlin; NASA MGS MOLA Science Team

Seite 38 (unten rechts): Wikimedia Commons (Image by NASA, modifications by Seddon)

Seite 40: Wikimedia Commons (NASA Earth Observatory, ISS Expedition 28 crew)

Seite 42 (links): Wikimedia Commons (NASA/JPL-Caltech/UCLA/MPS/ DLR/IDA)

Seite 42 (rechts): H. Raab (User:Vesta), Wikimedia Commons, lizensiert unter Creative-Commons-Lizenz Attribution-Share-Alike 3.0 Germany, URL: https//creativecommons.org/licenses/by-sa/3.0/deed.en

Seite 43: ESA – European Space Agency, lizensiert unter Creative-Commons-Lizenz Attribution-Share-Alike 3.0 Germany, URL: https//creativecommons.org/licenses/by-sa/3.0/deed.en

Seite 45: © Babak Tafreshi, The World at Night project

Seite 47: ESO, lizensiert unter Creative-Commons-Namensnennung-4.0-International-Lizenz, URL: https://creativecommons.org/licenses/by/4.0/deed.de

Seite 49: ALMA (ESO/NAOJ/NRAO), NSF, lizensiert unter Creative Commons Attribution 4.0 International License, URL: https://creativecommons.org/licenses/by/4.0/deed.de

Seite 50: © NRC Canada, C. Marois and Keck Observatory

Seite 52: ALMA (ESO/NAOJ/NRAO)/M. Maercker et al.

Seite 54: © Australian Astronomical Obsrvatory/David Malin

Seite 59: © Credits: NASA/JPL-Caltech/R. Hurt (SSC/Caltech)

Seite 61: Wikimedia Commons ((gemeinfrei))

Seite 62–63: © ESO/B. Tafreshi (twanight.org)

Seite 64: © ESO/L. Calçada

Seite 65: ESA (C. Carreau), lizensiert unter Creative Commons Attribution 4.0 International license,
URL: https://creativecommons.org/licenses/by/4.0/deed.de

Seite 66 (oben): ESO/P. Barthel; Acknowledgments: Mark Neeser (Kapteyn Institute, Groningen) and Richard Hook (ST/ECF, Garching, Germany)

Seite 66 (unten): © ESO

Seite 67: © ESO

Seite 68: © NASA, ESA, and Z. Levay (STScI)

Seite 69: © NASA; ESA; G. Illingworth, D. Magee, and P. Oesch, University of California, Santa Cruz; R. Bouwens, Leiden University; and the HUDF09 Team

Seite 71: © SAO/NASA ADS Astronomy Abstract Service

Seite 72: Wikimedia Commons (Andrew Fruchter (STScI) et al., WFPC2, HST, NASA)

Seite 76: © ESA and the Planck Collaboration

Seite 84: © Robin Dienel, courtesy of Carnegie Institution for Science

Seite 88: Daniel Stockman, lizensiert unter Creative Commons Attribution-Share Alike 2.0 Generic,
URL: https://creativecommons.org/licenses/by-sa/2.0/deed.en

Seite 94–95: ESA/Gaia/DPAC

Seite 116: NASA; Z. Levay and R. van der Marel, STScI; T. Hallas; and A. Mellinger – nasa.gov on web.archive.org

Seite 117: © Data; Subaru, NAOJ, NASA/ESA/Hubble – Assembly and Processing; Roberto Colombari

Seite 118–119: Wikimedia Commons, NASA, H. Ford (JHU), G. Illingworth (UCSC/LO), M.Clampin (STScI), G. Hartig (STScI), the ACS Science Team, and ESA

Seite 120–121: Wikimedia Commons (NASA, H. Ford (JHU), G. Illingworth (UCSC/LO), M.Clampin (STScI), G. Hartig (STScI), the ACS Science Team, and ESA)

Seite 123: NASA/JPL-Caltech/SSI